爪钉皮具制作轻松学

[日] 日本高桥创新出版工房 水谷研吾 编著

陈 涤 译

人民邮电出版社

北京

图书在版编目（CIP）数据

爪钉皮具制作轻松学 / 日本高桥创新出版工房，
（日）水谷研吾编著；陈涤译. -- 北京：人民邮电出版
社，2019.7
　ISBN 978-7-115-50503-3

　Ⅰ. ①爪… Ⅱ. ①日… ②水… ③陈… Ⅲ. ①皮革制
品－手工艺品－制作 Ⅳ. ①TS56

中国版本图书馆CIP数据核字(2018)第300195号

内 容 提 要

　　手工皮具制作正悄然流行，一件独一无二的手工皮具，在不经意间就彰显了个人的品味和个性。

　　本书作者水谷研吾先生，设计有大量爪钉皮具作品，本书中，他带来了用铆钉、爪钉等小物来装饰手工皮具制作的关键技术点，同时带领读者边做边学，制作了用爪钉和铆钉装饰的手环、钥匙圈、杯套、拉链手包、卡夹、托特包、皮带等各种日常用品。

　　全书步骤清晰，讲解细致，同时本书译者陈涤先生，在必要的地方加入了便于中国读者学习理解的译者注释，相信一定能让钟爱手工皮具制作的读者爱不释手。

◆ 编　　著　[日]日本高桥创新出版工房　水谷研吾
　　译　　　　陈　涤
　　责任编辑　王雅倩
　　责任印制　陈　犇
◆ 人民邮电出版社出版发行　　北京市丰台区成寿寺路 11 号
　　邮编　100164　电子邮件　315@ptpress.com.cn
　　网址　http://www.ptpress.com.cn
　　雅迪云印（天津）科技有限公司印刷
◆ 开本：787×1092　1/16
　　印张：10.5　　　　　　　　　2019 年 7 月第 1 版
　　字数：390 千字　　　　　　　2019 年 7 月天津第 1 次印刷
　　著作权合同登记号　图字：01-2017-8603 号

定价：68.00 元
读者服务热线：(010)81055296　印装质量热线：(010)81055316
反盗版热线：(010)81055315
广告经营许可证：京东工商广登字 20170147 号

作者介绍

Kengo Mizutani

用爪钉绘出魅力无穷图案的皮具作品

下图为本书作者水谷研吾先生。

水谷研吾

大量制作爪钉皮具的设计师
和皮革艺术家。

　　担任过设计师，也当过机车族的水谷先生，从事皮具制作后，发现用爪钉最适合表现出自己的设计风格。开始制作爪钉作品时，日本国内不容易找到品质优良的爪钉，因此他都是以个人身份从国外购买，直接从美国 Standard Rivet 公司购入爪钉来完成作品（※目前 Standard Rivet 公司的日本总代理为 Stars Trading 公司）。他陆续用爪钉做出了独特的作品，以"恶 G 堂"品牌开始了经营，并用爪钉装饰创作出"成人背包"等皮具作品。

作者的爪钉作品

1. "成人背包"为电视和杂志等媒体多次报道的精致作品。

2. 各种图案的皮带，从作品上就可以感觉到爪钉的无限潜力。

Contents
目　录

作者介绍 ·· 3

序 ·· 6

作品展示 ·· 8

爪钉的基本安装 ·· 16

作品示例 ··· 35

ITEM01 手环 ·· 36

ITEM02 钥匙圈① ·· 44

ITEM03 杯套 ·· 56

ITEM04 钥匙圈② ·· 66

ITEM05 拉链手包 ·· 80

ITEM06 卡夹 ·· 98

ITEM07 托特包 ··· 116

ITEM08 皮带 ·· 138

纸样 ··· 162

手环 ··· 162

钥匙圈 ① ··· 162

卡夹 ··· 163

钥匙圈 ② ··· 164

杯套 ··· 164

托特包 ··· 165

拉链手包 ·· 167

皮带 ··· 168

Introduction
序

　　爪钉装饰是相当有人气的皮革装饰技法，根据做法可以制作出适合男性和女性使用的物件。

本书由精通爪钉皮具制作方法，且创作过各式各样作品的设计师水谷研吾先生编写，介绍了8款适

合初学者学习的爪钉作品。在制作中，最小的爪钉只有3mm大小，安装时需要娴熟的技巧，请先从

简单的技巧开始，不要一开始就追求难度大的作品，要多磨炼自己的技巧。

作品展示

Bracelet

| ITEM 01 | 手环 | P.36 |

Key holder 1

| ITEM 02 | 钥匙圈① | P.44 |

Fastener pouch

| ITEM 05 | 拉链手包 | P.80 |

Key holder 2

ITEM 04　　　　钥匙圈② 　　　　**P.66**

11

Card case

ITEM 06　　　　　卡夹　　　　　P.98

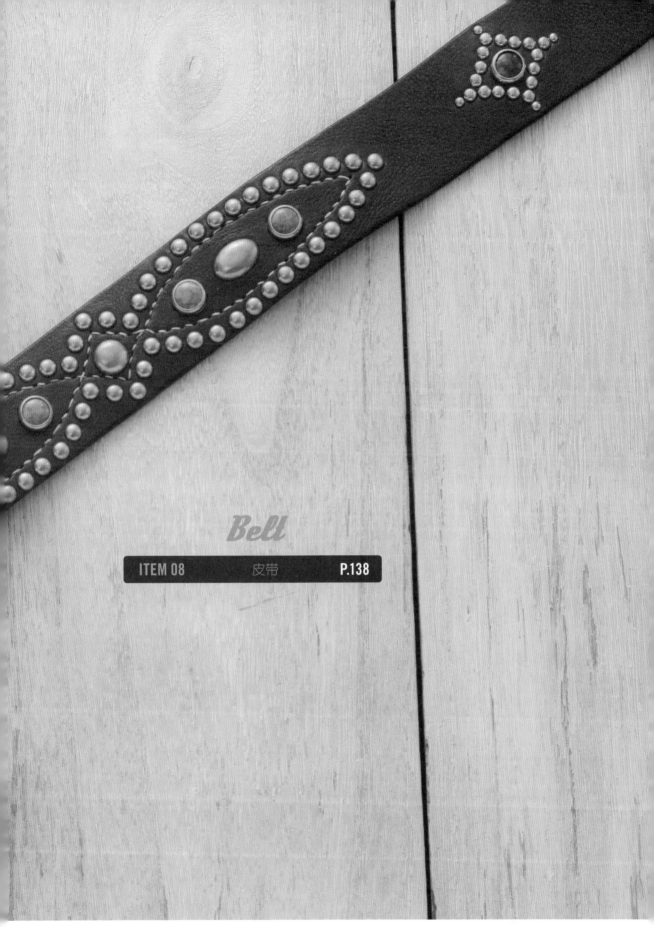

Belt

| ITEM 08 | 皮带 | **P.138** |

Tote bag

ITEM 07　　　　托特包　　　　**P.116**

Cup holder

ITEM 03　　　　　　杯套　　　　　　P.56

爪钉的基本安装

这里会介绍爪钉的基本安装。爪钉的大小和形状不同，但安装方法没有什么大的变化。安装孔少许偏离就会对图案造成重大影响，因此安装爪钉前一定要正确地打好安装孔，另外钉脚的折弯方式也有好几种，根据图案选择钉脚的正确折弯方法是完成作品的关键。最初请不要在选用的皮料上开安装孔，要先用废料多加练习在不同位置安装爪钉的方法。

本书主要使用的爪钉类型

圆形
[3mm]

圆形
[4mm]

圆形
[6mm]

圆形
[8mm]

环形
[12.5mm]

环形
[15mm]

椭圆形
[9.5mm]

椭圆形
[16mm]

长方形
[8mm]

金字塔形
[4.5mm]

金字塔形
[7mm]

金字塔形
[16mm]

其他的常见爪钉

爪钉的基本安装

本书中称为爪钉的五金零件，有时又叫爪珠或装饰钉，名称因地域或出品公司的不同而不同。本书使用美国 standard rivet 公司制造的称为 SPOTS 的爪钉，各种名称混用会导致误解和混淆，在本书中统一将这种五金称为爪钉。

将爪钉的钉脚从皮革表面的安装孔穿过，再在皮革背面将钉脚折弯来固定是爪钉的基本安装方法。由于钉脚的前端很尖，仅仅是折弯钉脚是有危险的，必须让钉脚前端嵌入皮革背面才行。为了避免钉脚露在外面，有时还需要在皮革背面粘贴里皮。

安装爪钉时，如果皮革太厚，可能会出现钉脚不够长的情况。要根据皮料厚度准备钉脚长度合适的爪钉。

打安装孔是安装爪钉时最重要的一步，强烈建议在废料上多加练习，待可以制作出连续的相同间距安装孔时，再制作正式作品。在技巧熟练之前，容易出现因安装孔间距过大或过小而无法顺利完成作品的情况。所以请多加练习，在掌握制作方法后，相信每个人都可以顺利完成漂亮的爪钉图案。

工具

安装爪钉时使用的主要工具

本节中介绍的是安装爪钉时的主要工具。每位作者使用的工具因人而异，本书中选用的是本书作者水谷先生使用的工具，此处只是工具使用方法的一种示例，敬请理解。

錾刀

用来开爪钉安装孔的工具。水谷先生使用市售的模型用螺丝刀改造出了自己使用的錾刀，主要尺寸为 1.5mm、2mm 和 3mm。

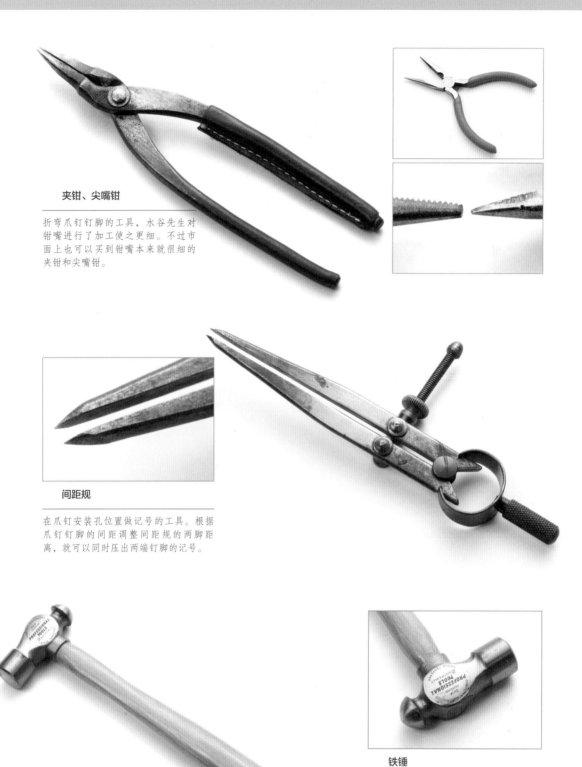

夹钳、尖嘴钳

折弯爪钉钉脚的工具，水谷先生对钳嘴进行了加工使之更细。不过市面上也可以买到钳嘴本来就很细的夹钳和尖嘴钳。

间距规

在爪钉安装孔位置做记号的工具。根据爪钉钉脚的间距调整间距规的两脚距离，就可以同时压出两端钉脚的记号。

铁锤

折弯爪钉钉脚后，用铁锤敲打使钉脚前端嵌入皮料背面。建议使用一端圆一端平的铁锤。

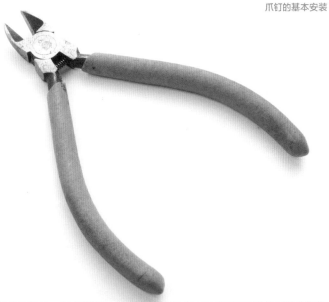

斜嘴钳

钉脚太长时修剪钉脚的工具，也可以用来拔掉没有安装好的爪钉。

橡胶板

用铁锤敲打，让钉脚嵌入皮革背面时，铺在皮料下面避免爪钉受损用。安装亚克力材质的爪钉时，也可以铺在皮料底下。

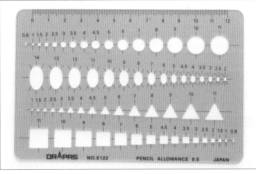

型板

制作图案时使用。按照选择爪钉的大小选择相应的孔洞。

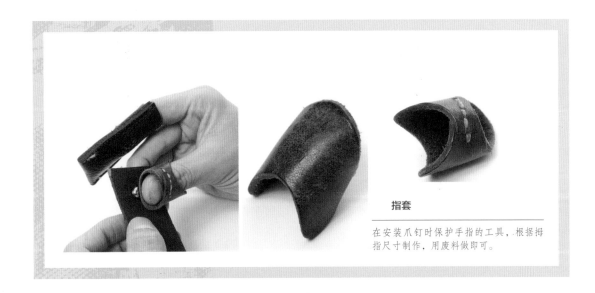

指套

在安装爪钉时保护手指的工具，根据拇指尺寸制作，用废料做即可。

爪钉的基本安装方法

本节介绍简单的爪钉安装方法与图案制作方法。正确安装每个爪钉是正确表现图案的前提。请将每个爪钉都安装到最合适的位置上。

正确安装的圆形爪钉。看不到安装孔的痕迹，爪钉准确贴合在皮料表面上。

基本安装方法

下面介绍爪钉的基本安装方法。开安装孔的方向要一致，可以更清楚地看出爪钉的安装位置。

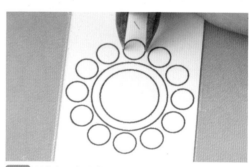

1 调整间距规的脚间距，将两脚的尖端放在图案线条上确定间距。确定钉脚的位置后，用间距规尖端在皮料上压出记号。

2 使用刀口宽度与爪钉钉脚宽度相等的錾刀。

3 按照步骤**1**中做出的记号，用符合钉脚宽度的錾刀开好安装孔，安装孔要贯穿皮料。

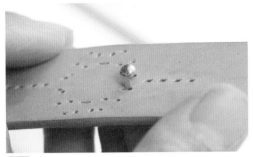

4 将爪钉的两个钉脚插入安装孔。如何得出安装孔的正确距离请参照本节中的下一项目。

5 插入爪钉，确认钉脚穿出了皮料背面。钉脚穿出后的折弯方法请参照第24页。

安装孔间距与钉脚间距

安装孔间距与钉脚间距必须吻合才能准确安装爪钉。来看一下几种容易发生的情况吧。

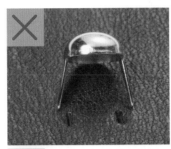

■ 钉脚垂直插入安装孔

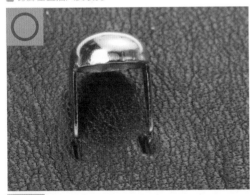

钉脚间距大于安装孔间距，结果如图所示，爪钉倾斜，无法紧贴在皮料表面。

安装孔间距与钉脚间距吻合，安装后爪钉会紧密贴合在皮料表面。

钉脚间距小于安装孔间距，钉脚无法完全插入安装孔，爪钉会被架起于皮料表面上。

■ 安装孔间距必须正确

安装爪钉时，可能会因为安装孔开孔位置不正确，而导致安装孔间距与钉脚间距不合。安装孔间距太大而钉脚间距太小时会这样。

安装孔间距太小而钉脚间距太大时会这样。

■ 安装孔间距与钉脚穿出情况的关系

安装孔间距适中的话，钉脚会垂直穿出皮料背面。

安装孔间距太大，钉脚会向外穿出，伸出距离会变短。

安装孔间距太小，钉脚会向内穿出，伸出距离会变短。

钉脚穿出的各种距离与对应的折弯方法

钉脚穿出皮料背面的长度会因为爪钉的种类和使用的皮料厚度而发生变化。这里将对应以下三种类型的钉脚穿出情况，介绍爪钉钉脚的基本折弯方法。

标准穿出长度为3mm。

穿出4mm为偏长的钉脚。

穿出5mm为过长的钉脚。

■ 标准长度时的钉脚折弯方法

1 长3mm左右，标准的穿出长度。

2 确认钉脚垂直穿出。

3 夹钳或尖嘴钳尽量夹住钉脚底部，一边轻轻向上拉，一边向内折弯钉脚。

4 步骤3折弯后的状态如图所示。

5 在达到步骤4的状态后，夹住钉脚尾端，将其向下折。

6 完成步骤5之后，钉脚的样子如图所示。然后将另一侧钉脚也折成如图状态。

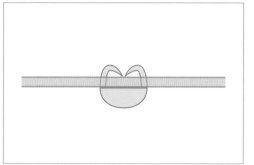

7 如图所示，折弯后的钉脚前端要对着皮料背面。

8 确实折弯后，用铁锤的圆头敲打两个钉脚之间的部分，使钉脚前端进一步嵌入皮料。

9 用铁锤的圆头敲打后，钉脚前端嵌入皮料的状态。

10 最后用铁锤的平头部分敲扁钉脚，将爪钉的背面尽量敲成平面。

11 除钉脚前端外，钉脚本身都要嵌入皮料背面。

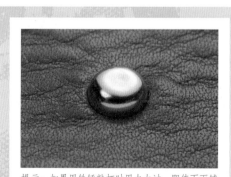

提示：如果用铁锤敲打时用力太过，即使下面铺着橡胶板，还是可能将爪钉的钉面压变形。

■ 钉脚偏长时的折弯方法

1 钉脚穿出约4mm。

2 确认钉脚垂直穿出。

3 夹住钉脚尾端后进行折弯。

4 夹住钉脚底部,将其折成如同围绕钳嘴的状态。

提示:手拿夹钳,确认步骤4之前的动作已完成。在此状态下夹住钉脚底部。

确认夹住钉脚底部后,扭转手腕,大幅度转动夹钳,折弯钉脚。

5 钉脚呈卷起状态，前端对着皮料背面。

6 用同样的方法折弯另一侧钉脚。钉脚前端要一定程度上嵌入皮料。

7 不用铁锤的圆头，只用平头敲打，使钉脚嵌入皮料。

8 继续敲打，使钉脚的状态如图所示。

⊠ 钉脚太长时的折弯方法

1 钉脚穿出5mm或以上的状态。

2 用斜嘴钳剪掉钉脚前端的三角形部分。

3 将钉脚前端部位剪成图中状态。

4 两侧钉脚都修剪好之后，夹住修剪后的钉脚前端，折弯钉脚。

5 步骤4折弯后的钉脚状态如图所示。

6 继续夹住钉脚底部，边往上拉边折弯钉脚。

7 将钉脚折弯成如图状态。

8 两侧钉脚都折弯后的状态如图所示。钉脚如果不修剪，折弯后就可能会顶到一起。

9 用铁锤的圆头敲打两侧折弯钉脚之间的部位，使钉脚嵌入皮料背面。

10 最后用铁锤的平头敲打，使钉脚完全嵌入皮料背面。

11 钉脚完全嵌入皮料背面，触摸时不会刮手。

提示：

需要相当丰富的经验和练习才能熟练折弯钉脚

钉脚穿出部分太短时，必须夹住底部附近，一边从皮料正面压住爪钉，一边用钳子卷绕钉脚，一次就折好钉脚。直到使用任意一种技巧都能够顺利折弯钉脚之前，都必须要多加练习。

■ 折弯钉脚的失败例子

1 钉脚前端没有向皮料方向折曲，钉脚前端的部分突出于皮料背面，这样很危险。

2 没有完全折弯钉脚，钉脚太长，折弯后重叠在一起。

3 钉脚被折成了直角形，这种状态虽然也可以用铁锤敲打，但因为钉脚中间凸起，无法完全嵌入皮料背面。

请尝试创作原创图案吧

本节将介绍用爪钉表现自己手稿的方法。从简单的图案开始创作，慢慢提升技巧后再挑战高难度的图案吧。

1 画出基本图案，在决定图案尺寸时要充分参考爪钉的大小。

2 基本的手绘图案，从简单的图案开始创作。

3 将爪钉放在手绘图案上，考虑各部位需要用到的爪钉大小和形状。

4 在手绘图案上面铺上描图纸。（译者注：描图纸即硫酸纸，国内的美术用品店有售。）

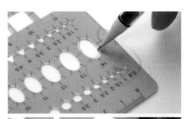

在描图纸上放上型板，根据爪钉大小和形状描好图形。

5

6 用圆形爪钉和椭圆形爪钉来表现手绘图案。

7 对齐爪钉安装位置，将画好爪钉位置的描图纸放在皮料上。

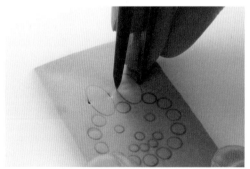

8 用间距规按钉脚的宽度做出钉脚安装记号。

9 确认每一个爪钉的钉脚记号都已做好。

10 拿掉描图纸后，皮料上做好记号的状态。

11 按照间距规做出的记号，用适当尺寸的錾刀开好爪钉安装孔。

12 开好爪钉安装孔的皮料状态。

折弯钉脚，固定住爪钉。用铁锤敲打，使钉脚嵌入皮料中。

13 将爪钉依序插入安装孔。

14

从绘制图案到完成爪钉图案，创作图案的难度会随着使用爪钉的种类增加而增加。

15 按顺序安装剩下的爪钉。

16

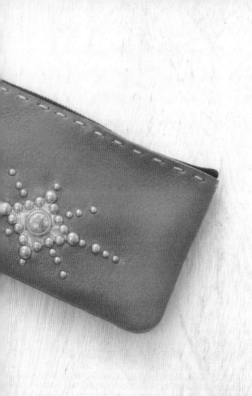

作品示例

　　本节起将通过实际案例详细介绍使用爪钉装饰的革小物制作方法。考虑到图案的复杂程度和作品的难易度，书中案例按作品难易度从 ITEM01~08 排列。不过只要学会基本技巧，从任何一个作品开始制作都可以。安装过程中需要集中注意力，请不要分心，不要着急，慢慢地完成作品。

手环

　　并排安装金字塔形爪钉，这是一款造型简单的作品，只要改变手环宽度与爪钉大小，就可以做出男女通用的作品，也可以配成一对。使用不同形状的爪钉，还可以大幅拓展作品的设计范围。

Bracelet

Parts 材 料　　　　　　　　　要使用质地坚韧而又有厚度的皮料。

❶ 植鞣牛皮/2.5mm厚
❷ 金字塔形爪钉：黄铜色，7mm×7
❸ 金字塔形爪钉：古铜色，7mm×6
❹ 原子扣：嵌入式/直径7mm（译者注：即国内所说的和尚头。不过日式原子扣的形状偏长一些。）

Tools 工 具　　　　　　　　　必须准备尺寸适中的原子扣安装工具。

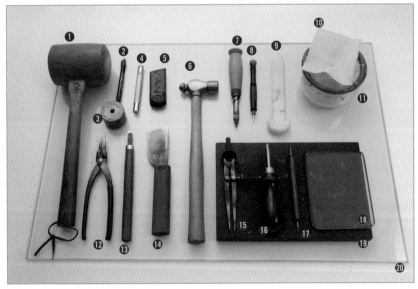

❶ 木槌
❷ 圆冲：15号（直径4.5mm）
❸ 打台
❹ 原子扣安装工具
❺ 蜡
❻ 铁锤
❼ 螺旋冲（译者注：用旋转方式打润的冲子，国内基本没有售卖。）
❽ 錾刀：2mm
❾ 多用磨边器
❿ 帆布
⓫ CMC
⓬ 夹钳
⓭ 雕刻刀：平头
⓮ 裁皮刀
⓯ 间距规
⓰ 削边器
⓱ 铁笔
⓲ 玻璃板
⓳ 橡胶板
⓴ 塑胶板
※ 其他：砂纸、菱锥

打磨本体皮料的床面

作品中皮料的床面没有里皮，所以要在安装前用CMC打磨。

1 用CMC打磨手环本体的床面，用上过蜡的帆布仔细打磨。(译者注：上蜡的帆布在打磨时，打磨产生的热量会让蜡渗入皮料，使皮料更紧致。)

2 再用玻璃板将皮料床面打磨得更细腻。(译者注：也可使用2000号及以上号数的砂纸达到同样效果。)

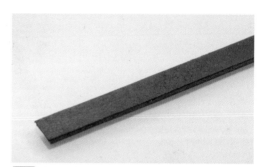

3 手环的床面层直接接触皮肤，所以必须打磨得更细致。

开爪钉安装孔

按照纸样上的位置开爪钉和原子扣的安装孔。开爪钉安装孔时要注意大小和间隔。

1 对应纸样在本体皮料上做记号，标记原子扣的安装位置及原子扣的安装孔位置。

要点

按照爪钉尺寸调好间距规，按次序做记号，压出钉脚位置的记号。

2

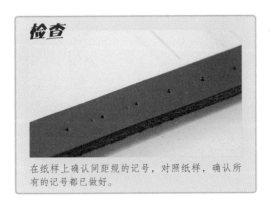

在纸样上确认间距规的记号，对照纸样，确认所有的记号都已做好。

3 将錾刀的刀刃放在记号上，确定开孔位置。

4 确认开孔位置后，用力按下刀刃，使刀刃贯穿皮料，至錾刀刀刃从床面层穿出即可。

5 将纸样放在皮料上，确认安装孔都开在了正确的位置上。

开好安装孔后，可以将皮料摆在灯光前，光线会透过安装孔，建议用这种方式确认皮料上确实开好了安装孔。

开好爪钉安装孔的皮料状态。配合纸样确认安装孔的数量。

6

打出原子扣的螺丝孔与安装孔

原子扣的安装孔直径 2mm。原子扣孔直径 4.5mm。开好原子扣孔后，用雕刻刀切出切口。

1 根据纸样上的位置，使用螺旋冲或圆冲开安装孔。

2 打好原子扣孔后，用雕刻刀切出长约4mm的切口。

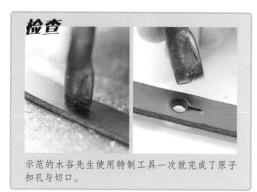

检查

示范的水谷先生使用特制工具一次就完成了原子扣孔与切口。

安装爪钉

爪钉按次序插入事先开好的安装孔，插入安装孔后，折弯钉脚进行固定。

1 将爪钉的钉脚插入安装孔，当钉脚完全插入安装孔后，爪钉底部应该可以落到皮面上。

2 压平爪钉，确认钉脚穿出床面的长度。

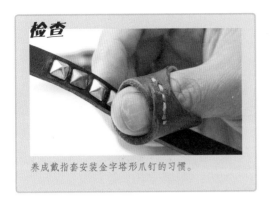

养成戴指套安装金字塔形爪钉的习惯。

3 折弯钉脚。钉脚穿出长度约3mm，用最基本的2段折弯法进行处理。

4 用铁锤的圆头敲打钉脚，使钉脚前端嵌入皮料背面。

5 安装爪钉后的状态。用相同的办法依次安装剩下的爪钉。

6 改变爪钉的颜色，交替安装不同颜色的爪钉。

7 完成所有的爪钉安装。

8 用铁锤的平头敲打钉脚，使其完全嵌入皮料背面。

安装原子扣

原子扣分为嵌入式和螺丝式两种。本示例使用嵌入式安装，安装时要使用相应的安装工具。（译者注：国内的和尚头普遍为螺丝式为装。）

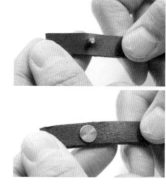

从床面将称为底扣的铆合原子扣的五金件插入安装孔。

1

2 底扣的扣脚穿出皮面后，将原子扣盖在上面。

3 将原子扣放在打台上，用安装工具敲打，将其固定。

4 安好后请用手转动一下试试，如果无法转动，就说明原子扣已经安装牢固。

检查

将原子扣插入扣孔扣住，刚使用时会难以扣上，之后会随着使用时间的增加而逐渐容易起来。

最后装饰

打磨皮边，完成最后的装饰。尤其是造型简单的作品，边缘的处理对于作品的完成度影响很大。

1 用削边器在皮料两侧进行削边。

2 削边后，用砂纸调整形状，将皮料边缘打磨成半圆形。

3 用涂了CMC的帆布打磨皮料边缘。

4 短边也要打磨。

5 最后在皮边上涂蜡，进行修饰。

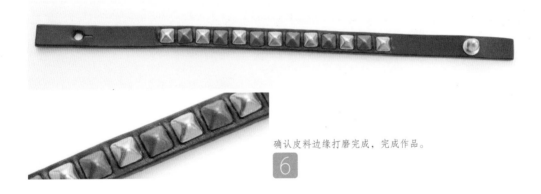

确认皮料边缘打磨完成，完成作品。

6

完成！

并排安装的金字塔形爪钉手环，造型简单，最适合作为挑战爪钉安装的第一个作品。

ITEM 02

钥匙圈①

　　仅有挂钩与圆环的钥匙圈，造型单调，安装上不同尺寸的金字塔形爪钉，并将两边进行缝合，立刻成为外形亮眼的钥匙圈。改变所用的皮料、爪钉和缝线的颜色组合，可以完成不同感觉的作品。

Key holder 1

Parts 材 料　　本体为一张皮料折叠制成，所以不要用太厚的皮料，避免皮料不易折弯。

❶ 本体：植鞣牛皮/1.5mm厚
❷ 金字塔形爪钉：黄铜色，16mm×1
❸ 金字塔形爪钉：黄铜色，7mm×12
❹ 铆钉：9mm×1
❺ 挂钩：内径21mm×1
❻ 圆环：内径25mm×1

Tools 工 具　　要安装铆钉，所以要准备尺寸适中的安装工具。

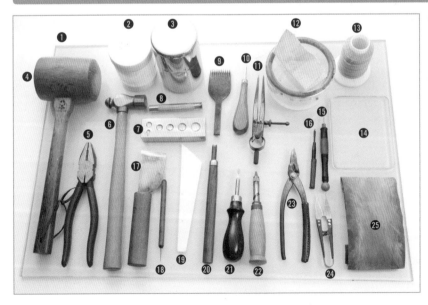

❶ 塑胶板
❷ 白胶
❸ 橡皮胶
❹ 木槌
❺ 铁钳
❻ 铁锤
❼ 打台
❽ 铆钉安装工具
❾ 菱斩
❿ 菱锥
⓫ 间距规
⓬ 帆布、CMC
⓭ 手缝线、手缝针
⓮ 玻璃板
⓯ 錾刀：2mm
⓰ 錾刀：3mm
⓱ 裁皮刀
⓲ 铁笔
⓳ 上胶片
⓴ 雕刻刀：圆头
㉑ 削边器
㉒ 螺旋冲
㉓ 夹钳
㉔ 线剪
㉕ 砂纸
※其他：橡胶板

标出五金件的安装位置

在皮料上做记号，标出安装爪钉和铆钉的位置，这是顺利安装爪钉的关键。

1 用CMC打磨皮料的床面。

2 根据纸样，用间距规分别在皮料两侧做记号，标出16mm爪钉的安装位置。

3 按次序标出7mm爪钉的安装位置。

4 因为要并排安装12个7mm爪钉，所以爪钉的间隔必须一致。

爪钉的安装位置全部标出的皮料状态。

5

开五金件安装孔

开铆钉与爪钉的安装孔。用尺寸适中的工具在正确的位置上开安装孔。

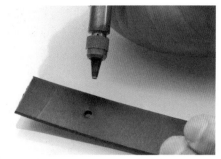

1 本作品使用的是9mm的铆钉，根据底扣大小，要开3mm直径的安装孔。

要点

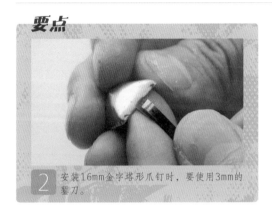

2 安装16mm金字塔形爪钉时，要使用3mm的錾刀。

3 在16mm金字塔形爪钉的安装位置，用3mm錾刀开出安装孔。

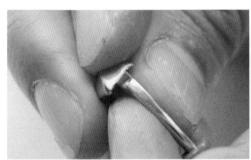

4 用2mm錾刀开7mm金字塔形爪钉的安装孔。开安装孔时，要将錾刀放在钉脚上确认尺寸。

5 在缝线位置用菱斩做出缝线记号。

6 按步骤5的记号用菱斩打出缝线孔。

7 打好缝线孔后的状态，缝线孔开在皮料两侧。

8 在距离皮条头部20mm处进行斜削削薄。（铆钉安装孔前边）

检查

本体皮料头部削薄成如图状态。削薄是为了减少折叠后皮料的厚度。

安装爪钉

用錾刀开安装孔后插入爪钉。钉脚穿出长度根据皮料厚度可能会有所不同。要注意钉脚的折弯方法。

1 把7mm金字塔形爪钉的钉脚插入安装孔，确认钉脚穿出床面的长度。

2 钉脚穿出长度约3mm，用最基本的方法折弯钉脚，先折弯钉脚的前端。

3 再从底部折弯钉脚，使钉脚前端的尖头嵌入皮料背面。

4 另一侧钉脚用相同办法折弯成图中状态。

5 先用铁锤的圆头敲打，使钉脚嵌入皮料背面，再用铁锤的平头敲打至钉脚完全嵌入床面。

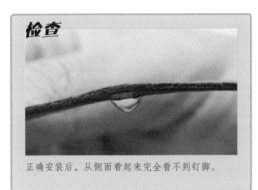
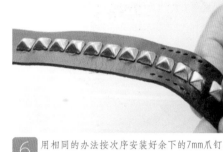

检查

正确安装后，从侧面看起来完全看不到钉脚。

6 用相同的办法按次序安装好余下的7mm爪钉。

7 熟练了安装技巧后，就可以一次插入所有钉脚，再完成折弯钉脚的工序，并以此提升效率。

8 完成7mm金字塔形爪钉安装的皮料状态。

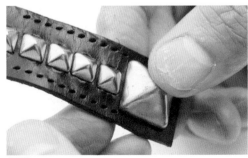

9 安装16mm爪钉。先安装16mm爪钉会增加7mm爪钉的安装难度。

10 钉脚虽然穿出距离长，但钉脚间距足够大，不需要修剪钉脚前端。

钉脚穿出床面后，在2mm位置上折弯。

再从钉脚底部折弯，使钉脚尖端嵌入床面。

11

12

13 两侧钉脚都折弯后的状态。

14 用铁锤敲打钉脚。用铁锤的圆头和平头按次序敲打。但安装16mm爪钉时，两个钉脚要分开敲打。

本体皮边的最终修饰

制作钥匙圈前先处理皮边。另外转角部分要用雕刻刀削成圆形，这样最终效果会更好。

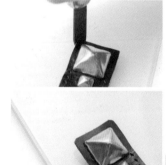

利用雕刻刀将安装16mm爪钉一侧的皮料顶端部分切成圆弧状。

1

2 用削边器对皮料进行削边。

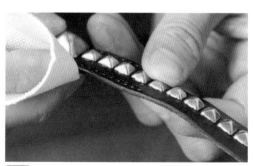

3 用砂纸打磨皮边调整形状，再用涂上CMC的帆布打磨皮边。

安装挂钩

将挂钩套进本体皮料后安装铆钉。

1 将皮料穿入挂钩的带孔内，折起皮料。

2 折起皮料，将皮料前端对准最后一个爪钉的钉脚位置，涂上白胶，黏合。

3 根据先前打好的铆钉安装孔，在另一侧折好的皮料上也打出安装孔。

4 将铆钉的底扣插入安装孔。

检查

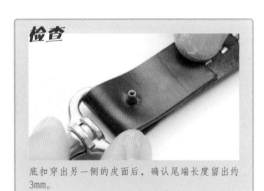

底扣穿出另一侧的皮面后，确认尾端长度留出约3mm。

5 将底扣放在万用打台上，用铆钉安装工具敲打，铆合铆钉。

安装圆环

　　将圆环套在皮料上，折起皮料后对齐缝孔，避免缝孔错位。

1 将圆环套在本体皮料上。

2 套好圆环后折起本体皮料。

3 折好折痕后在需要黏合的位置涂上橡皮胶。

4 再次折起皮料，加压黏合。

要点

5 黏合好皮料后，用菱锥穿过已经打好的缝孔，进行扩孔。（译者注：菱锥新打好的孔胶小，有时会比较难缝，用菱锥扩大缝孔后，就可以更容易地进行缝线。）

检查

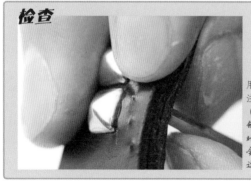

用菱锥贯穿缝孔时，要注意缝孔不要错位。（译者注：菱锥相当锋利，进行这个操作时一定要注意手指安全。如果没有菱锥，这一步也可不做。）

缝合本体

最后进行缝合工作。缝合两侧缝孔时，侧面要进行绕缝。

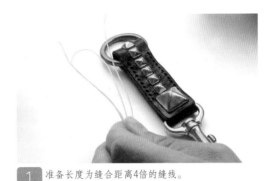

1 准备长度为缝合距离4倍的缝线。

2 将缝线穿过第一个针孔，将两侧缝线调整成相同长度。

要点

3 调整长度后先绕缝皮料的侧面。

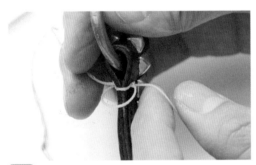

4 绕缝要进行两次。

5 绕缝后再进行纵向缝合。

要点

皮料重叠后厚度较大，针不易拔出，这时可以用铁钳辅助拔出针来。

7 缝线进行到最后一个针孔的状态。

8 在最后一个缝孔侧面进行绕缝。

9 绕缝两次，注意两次绕缝的线不要交叉，而要呈平行状态。

10 绕缝两次后两侧各回一针。

11 回针缝制后，贴近皮面剪断缝线。

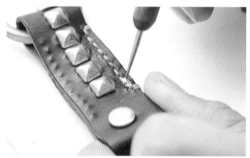 

12 剪断缝线后，用白胶固定线头。

13 另一侧也用同样的办法缝合。

完成！

完成品如右图。可以用双环取代单一圆环，也可在两侧安装挂钩，以变换造型来拓展作品的设计范围。

爪钉装饰是很受欢迎的皮具装饰技巧，根据不同的做法，可以做出适合男性或女性佩带的皮具。本书由制作过大量爪钉作品的设计师水谷研吾先生编著，通过书中介绍的 8 款做法 2 简单，适合初学者制作的爪钉作品，详细解说用爪钉做装饰的作品如何制作。爪钉最小时达 3mm，安装时需要细致的技术，请以由浅入深的顺序来挑战越来越难的作品，来磨炼自己的技术。

ITEM 03

杯套

用来套在外卖咖啡杯上的杯套，有隔热作用，而且在人多的场合下可以立刻分辨出自己的杯子。用有一定厚度又柔软的皮料制作杯套，使用时会更方便。请按自己的品位做出不同颜色的杯套吧。

Cup holder

Parts 材 料　　本体部分用质地柔软的皮料,可以做出尺寸十分合适的杯套。

❶ 本体:植鞣牛皮,荔枝纹/2mm厚
❷ 圆形爪钉:12.5mm×2
❸ 椭圆形爪钉:9mm×16

Tools 工 具　　用扁蜡线缝制,颜色可以自选。

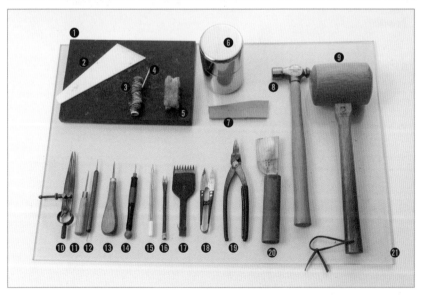

❶ 橡胶板
❷ 上胶片
❸ 手缝线
❹ 手缝针
❺ 线蜡
❻ 橡皮胶
❼ 衬垫皮料
❽ 铁锤
❾ 木槌
❿ 间距规
⓫ 圆锥
⓬ 铁笔
⓭ 菱锥
⓮ 蓺刀:2mm
⓯ 银笔
⓰ 圆冲
⓱ 菱斩
⓲ 线剪
⓳ 夹钳
⓴ 裁皮刀
㉑ 塑胶板

为爪钉安装孔做记号
并开缝线孔

根据纸样开爪钉安装孔，标出正中装饰缝线的缝线孔并打孔。

1 将纸样压在皮料上，用间距规标出椭圆形爪钉的钉脚位置。

2 12.5mm圆形爪钉的钉脚位置也要标记出来。

3 用铁笔标出装饰缝线的缝线孔位置。

4 装饰缝线的缝孔记号很小，用荔枝纹皮料时记号可能看不清楚。

5 用银笔在缝孔位置上做记号，以便清楚看到缝线孔的位置。

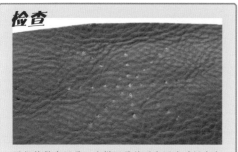

检查

用银笔做出记号，这样记号就不会因为时间太久而消失。

6 用圆冲根据记号位置开出缝线孔。

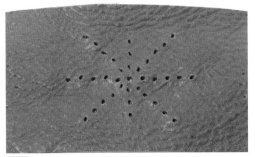

7 用圆冲开好缝线孔的状态。

开爪钉安装孔

根据纸样做出记号后，用适当大小的
錾刀开爪钉安装孔。

1 准备符合爪钉钉脚尺寸的錾刀。

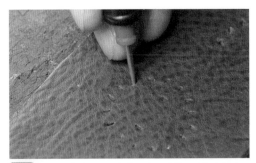

2 根据纸型做出爪钉安装记号，用錾刀开好安装孔。

3 开好装饰缝线孔及爪钉安装孔后的状态。

缝出装饰缝线

缝出装饰缝线，使用较粗的扁蜡线会
更加醒目。

1 准备长度为缝合距离3倍的缝线。

2 在缝制之前，要先给缝线上蜡。（译者注：上蜡
可以使缝线更容易穿过针孔，而且也更不易起
毛。但缺点是缝线会容易弄脏。）

要点

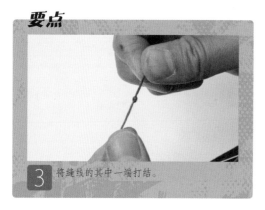

3 将缝线的其中一端打结。

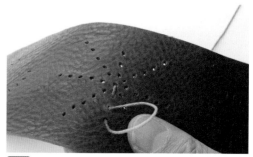

4 缝线由图案中心的缝孔穿出，朝着尾端的缝孔按顺序缝上装饰线。缝到头后，回针缝到中心点，再向下一条线缝过去。

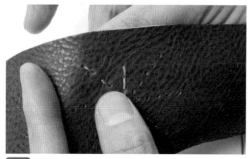

5 斜向的线也是一直缝到尾端。

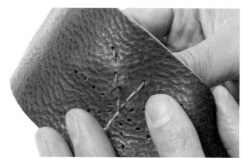

6 缝到尾端后跳过一个针孔，回针缝回去。

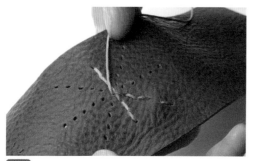

7 中心的缝线孔要重复经过很多道线，根据情况要一边缝一边扩大线孔。

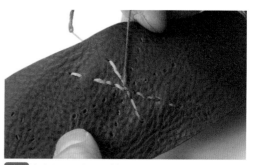

8 每个缝线孔都用同样的办法缝上线。

9 装饰线的终点为中央的线孔，将缝线穿出皮料背面处理线头。

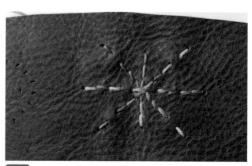

10 完成后的装饰缝线。试着缝出不同样式的装饰图案吧。

安装爪钉

按次序插入爪钉。先安装四周的椭圆形爪钉，最后安装中间的圆形爪钉。

1 将椭圆形爪钉的钉脚按次序插入安装孔。

2 椭圆形爪钉全部插入安装孔后的状态。

3 钉脚比较短，用卷回的动作一次性折好钉脚。

检查

折弯钉脚后，要确认钉脚前端朝着皮料背面。

4 用铁锤的圆头敲打钉脚，使尖端嵌入床面。

5 之后用铁锤的平头将钉脚敲成平面。

6 钉脚被敲成平面的状态。

7 用手指确认钉脚的敲打程度，如果钉脚还会刮手，就再敲平一些。

8 椭圆形爪钉安装好的状态。

9 插入中央的圆形爪钉。

10 确认钉脚的穿出情况。

用最基本的2段折弯法处理钉脚。

11

12 用铁锤的圆头和平头依次敲打钉脚。

这个图案的爪钉安装到此为止。

13

14 另一个图案也用同样的办法安装爪钉。

15 折弯钉脚，用铁锤敲成平面。

16 完成所有爪钉安装后的状态。

缝合本体

最后缝合本体，使之形成杯套的形状。
根据使用的杯子来完成大小适中的杯套。

1 将本体皮料卷在使用的杯子上，调整到适当位置。

2 维持步骤1的皮料位置，用银笔做出记号，标出对齐位置。

3 叠合后也在下方的皮料上做出记号，标出重叠的位置，这个位置将用来缝合。

4 调整间距规至3mm，沿叠合后位于上方的皮料边缘画出缝合线。

5 根据步骤**4**的缝合线用菱斩打出线孔。

6 在叠合后位于下方的皮料边缘涂上橡皮胶，涂抹至银笔画线处。

7 在叠合后位于上方的皮料床面上也涂上橡皮胶。

8 对齐银笔画线处，加压黏合。

要点

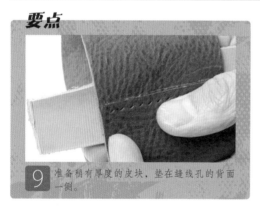

9 准备稍有厚度的皮块，垫在缝线孔的背面一侧。

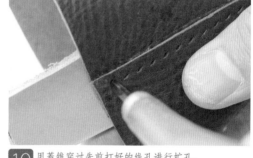

10 用菱锥穿过先前打好的线孔进行扩孔。

11 准备长度为缝合距离4倍的缝线，上蜡，在缝线两端各自穿好手缝针。

12 将手缝针穿过最上方的缝线孔，向下平缝。

13 缝到最下方的线孔后回缝一针。

14 之后将缝线穿至皮料背面处理线头。

完成!

作品完成。改变爪钉与装饰线的颜色或图案,再仔细挑选皮料的纹理和颜色,做出独一无二的专属杯套吧。

钥匙圈②

以亚克力爪钉为主，外形华丽的钥匙圈，适合挂在皮带上。安装部位使用牛仔扣，挂钥匙的部位使用活动挂钩，使用起来很方便。亚克力爪钉颜色丰富，可以根据需要进行选择。

Key holder 2

Parts 材 料　　　皮料厚度约 3mm，使用有个性的植鞣革来制成结实耐用的钥匙圈。

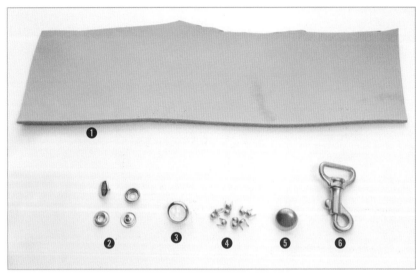

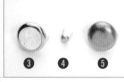

❶ 本体：植鞣牛皮/3mm厚
❷ 牛仔扣：中号×1（译者注：即201四合扣）
❸ 亚克力爪钉：15mm×1
❹ 圆形爪钉：3mm×12
❺ 圆形爪钉：16mm×1
❻ 活动挂钩：内径21mm×1

Tools 工 具　　　装饰缝线用扁蜡线缝制，颜色可以自选。

❶ 木槌
❷ CMC
❸ 美工刀
❹ 橡胶板
❺ 衬垫皮料
❻ 压擦器
❼ 剪刀
❽ 间距规
❾ 小刨子
❿ 帆布
⓫ 夹钳
⓬ 裁皮刀
⓭ 玻璃板
⓮ 蜡
⓯ 打台
⓰ 螺旋冲
⓱ 削边器
⓲ 牛仔扣安装工具
⓳ 菊花斩
⓴ 圆冲：40号（直径12mm）、50号（直径15mm）
㉑ 錾刀：2mm、3mm
㉒ 圆锥
㉓ 银笔
㉔ 菱斩
㉕ 砂纸
㉖ 镊子
㉗ 游标卡尺
㉘ 铁锤
㉙ 塑胶板
※其他：装饰缝线用线、垫片、铝箔

将纸型上的标记描在皮面上

在皮料上描出钥匙圈的本体形状以及爪钉和牛仔扣的安装位置。

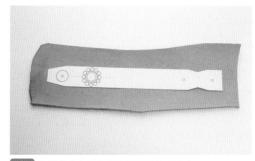

1 把纸样放在制作钥匙圈所用的皮料上。

2 用银笔沿纸样四周画一圈，将本体形状画在皮面上。

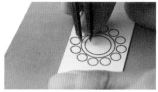

根据纸样用间距规在爪钉的钉脚位置做出记号。

3

4 于中线上做出牛仔扣的安装记号。

为了避免记号偏离位置，要经常翻起纸样来确认。

5

6 用菱斩做出缝线孔的标记。

7 取下纸样，确认没有漏下任何记号。

本体皮料的裁切和加工

裁切本体，削薄折弯部分，打出牛仔
扣安装孔。

1 用美工刀和尺子配合裁切直线。

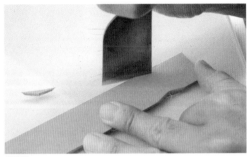

2 用裁皮刀以压切的方式裁切将要折弯并安装活动
挂钩的凹陷处。

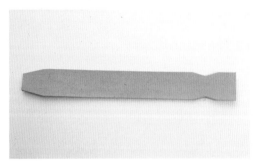

3 裁好后对照纸型，确认裁切形状是否正确。

要点

4 用裁皮刀和刨子从距离折弯线15mm处开始削薄，折弯部位削薄成统一厚度。（译者注：刨子越用越钝，需
要多多练习，新手不要上来就用刨子，这样多半会削出坑来。）

用螺旋冲在牛仔扣
的安装位置上开直
径3mm的安装孔。

5

6 需要打3个牛仔扣安装孔。本体的预处理结束。

开爪钉安装孔

修饰本体床面和皮边，开爪钉安装孔。

1 用涂上CMC的帆布打磨本体床面。

2 打磨后，再次用玻璃板打磨床面。

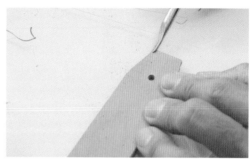

3 用削边器进行削边。

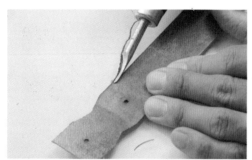

4 在床面一侧也进行削边。

5 削边后用砂纸打磨，将边缘打磨成半圆形。

6 根据记号用錾刀开爪钉安装孔。錾刀要穿透床面，可以将皮料放在塑胶板上开孔，也可以在下面垫上废皮料。

检查

安装位置的记号看不清楚时，要对照纸样进行确认。

7 记号变浅的地方，可以重做记号后再继续下一步。

 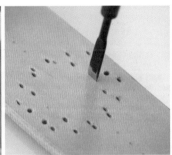 

8 靠近边缘的部分纵向开安装孔，以免钉脚太靠近皮料边缘。用3mm錾刀开亚克力爪钉与16mm圆形爪钉的安装孔。

9 用菱斩打出装饰缝线的线孔。

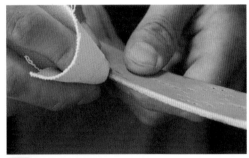

10 用涂上CMC的帆布打磨边缘。

11 必要时可以再用砂纸打磨，最后在皮边上涂蜡。完成边缘处理。

亚克力爪钉的处理要点

在亚克力爪钉的背面粘上铝箔，就可以让亚克力宝石部分显得更闪亮。

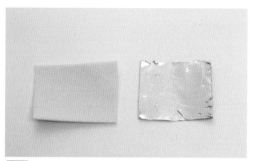

1 利用废皮料当垫片，加上铝箔，制作可以贴在宝石背面的反射板。

要点

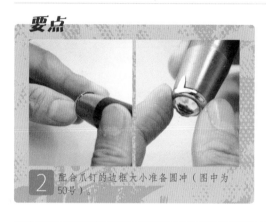

2 配合爪钉的边框大小准备圆冲（图中为50号）。

3 用50号圆冲打出垫片，用40号圆冲打出铝箔。

4 将铝箔粘在垫片上。

5 用夹钳扯开固定宝石的镶爪，小心不要伤到宝石，拿下宝石。

6 在宝石背面粘贴步骤**4**中做成的反射板，装回边框，折弯镶爪，将宝石重新固定好。

安装爪钉

插入 3mm 的圆形爪钉和亚克力爪钉。圆形爪钉需要紧靠着安装。请注意安装要点。

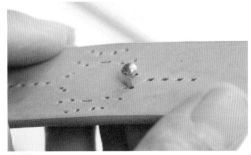

1 将圆形爪钉插入安装孔，小心不要将钉脚插错位置。

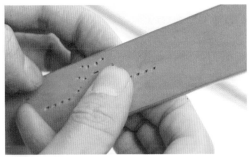

2 将爪钉压紧。

检查

确认钉脚的穿出情况，3mm爪钉的钉脚较短，皮料太厚时穿出的长度可能不够。

要点

3 3mm爪钉必须紧挨着安装，可以隔一个安一个，先安好一半，处理好钉脚后再安另一半。刚开始就全部安装上的话，因为钉脚之间的距离太近，会难以折弯钉脚。

4 穿出床面的钉脚太短时，可以将夹钳尖端压进床面，把钉脚以圆弧形折弯，一次性完成安装。

5 在橡胶板上铺上衬垫皮料，在上面放上钥匙圈皮料。圆形爪钉的安装必须在衬垫皮料上进行。

6 用铁锤的圆头敲打钉脚，使钉脚前端嵌入床面，再用平头敲打，使钉脚整个嵌入床面。

7 将先插入安装孔的6个爪钉安装好。

8 将剩下的爪钉插入先安装好的爪钉中间，最靠近皮边的爪钉要纵向插入。

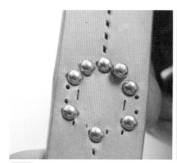 

9 放好所有的爪钉。

10 用夹钳折弯钉脚，固定住爪钉。

11 用铁锤的圆头和平头依次敲打，使钉脚嵌入床面。

检查

衬垫皮料表面上出现了凹陷痕迹，表面爪钉受到的敲打力度可能过大。要注意敲打时的力度。

12 完成所有的3mm爪钉安装的状态。

13 将亚克力爪钉插入圆形爪钉中间。

14 确认钉脚穿出情况，亚克力爪钉的钉脚穿出长度约3mm。

用夹钳折弯钉脚，针对前端和底部用最基本的2段折弯法处理钉脚。

15

16 用手拿着部件，再用铁锤敲打钉脚，以免伤到亚克力爪钉上的宝石。

17 亚克力爪钉的钉脚折弯后的状态。

18 完成所有的爪钉安装。

缝装饰缝线

在爪钉旁缝出装饰缝线。仅仅改变缝线颜色，就可以改变装饰的风格，按自己的喜好来选择线的颜色吧。

1 准备长度为缝合距离4倍再加30cm的缝线，其中一头穿上手缝针，另一头打结。

2 用这根线缝装饰线，用一根针平缝过去，表面会隔一针空出一个针孔。缝到最后时，将缝线穿到床面侧。

用铁锤将针脚敲得更服帖。

3 在床面侧将缝线打结（※线头处理方法依线的种类可能不同，请用相应的方法处理线头。）

4

5 在打好的结上涂上白胶固定。

6 另一侧也用同样的办法制作。

安装爪钉并缝好装饰线
后的状态。

7

安装五金

安装牛仔扣、活动挂钩、16mm圆
形爪钉。注意安装位置。

1 从正面将牛仔扣的面扣插入安装孔。

2 床面向上，将牛仔扣的面扣放在打台上。

3 将面扣的扣脚穿过牛仔扣的母扣中间的洞。

4 敲打牛仔扣安装工具，铆合面扣与母扣。

5 将活动挂钩套在用来安装挂钩的凹陷处。

6 套好活动挂钩，折起本体皮料另一端，对齐安装孔位置，将牛仔扣的底扣脚插入安装孔。

7 将公扣套在底扣脚上，皮料太厚时，穿出的扣脚可能不够长，因此可能需要局部打薄。

8 将扣脚放在打台的平面一侧，用安装工具铆合固定。

9 试着转动公扣以确认安装是否牢固。如果转不动，那么安装就算是成功了。

10 试着合上牛仔扣再打开，确认安装没有问题。

11 将圆形爪钉套在牛仔扣的面扣上。

12 16mm的圆形爪钉可以完全覆盖住牛仔扣的面扣。

13 如图，爪钉钉脚从母扣旁边穿出床面，母扣旁边有足够的空间可以容纳折弯的钉脚。

14 用夹钳折弯圆形爪钉的钉脚。

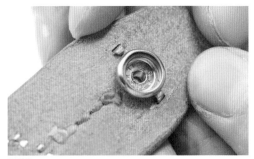

15 因为有母扣在，所以无法使用铁锤敲打，只能利用夹钳尽可能地使钉脚嵌入床面。

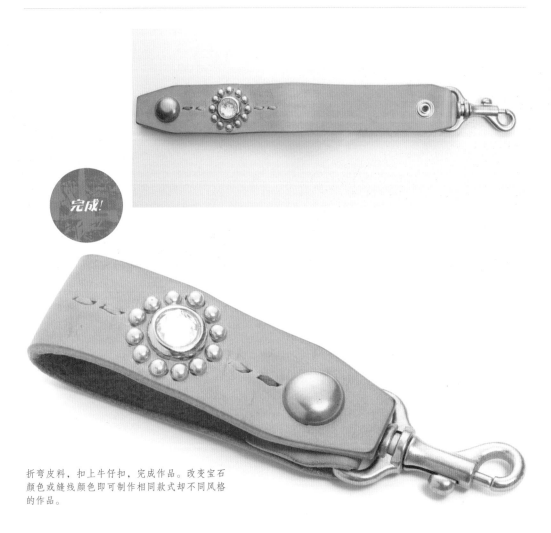

完成!

折弯皮料，扣上牛仔扣，完成作品。改变宝石颜色或缝线颜色即可制作相同款式却不同风格的作品。

ITEM 05

拉链手包

在图案中镶嵌蛇皮的拉链手包，使用质地柔软而适合内缝的材料，本体部件以内缝的方式完成。镶嵌爪钉时，爪钉的钉脚会跨过蛇皮边缘，因此做标记时需要一些技巧。

fastener pouch

Parts 材料　　　　　　　　　　　用 4 种爪钉与蛇皮构成图案。

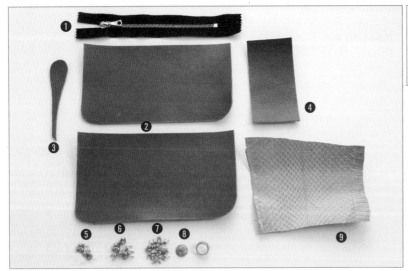

❶ 拉链：130mm

❷ 本体：OIL VACCHETTA牛皮/
1.8mm厚

❸ 皮拉片：OIL VACCHETTA牛皮/
1mm厚

❹ 里侧贴片：OIL VACCHETTA牛
皮/1mm厚

❺ 圆形爪钉：直径6mm×4

❻ 圆形爪钉：直径4mm×15

❼ 圆形爪钉：直径3mm×20

❽ 环形爪钉：直径12.5mm×1/
蓝松石

❾ 装饰镶嵌用蛇皮

Tools 工具　　　　　用双面胶暂时固定拉链，本体用滚轮式双面胶带暂时固定。

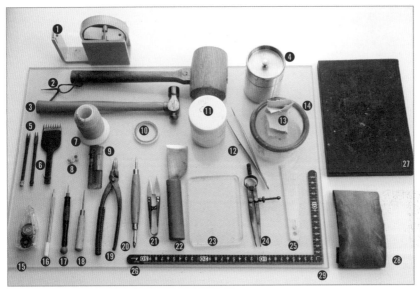

❶ 透明胶带
❷ 木槌
❸ 铁锤
❹ 橡皮胶
❺ 圆冲
❻ 菱斩
❼ 手缝针、手缝线
❽ 珠针（译者注：可用塑料
头图钉代替）
❾ 打火机
❿ 双面胶带：2mm
⓫ 白胶
⓬ 镊子
⓭ 帆布
⓮ CMC
⓯ 滚轮式双面胶带
⓰ 银笔
⓱ 錾刀：1.5mm、2mm和3mm
⓲ 圆锥
⓳ 夹钳
⓴ 压擦器
㉑ 线剪
㉒ 裁皮刀
㉓ 玻璃板
㉔ 间距规
㉕ 上胶片
㉖ 曲尺（L尺）
㉗ 橡胶板
㉘ 砂纸
㉙ 塑胶板

本体皮料的预处理

将要缝合的本体皮料三边分别削薄7mm，要注意不要削穿皮面。

1 将裁好的皮料摆在玻璃板上，用裁皮刀削薄皮料。

2 除上边以外的三边，削薄如图所示的其他三边床面。

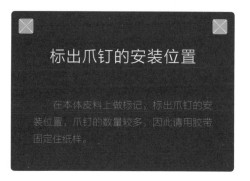

标出爪钉的安装位置

在本体皮料上做标记，标出爪钉的安装位置，爪钉的数量较多，因此请用胶带固定住纸样。

1 将纸样对齐本体皮料，确认图案的位置。

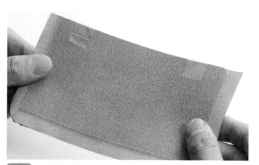

2 用透明胶带在皮料上缘固定住纸型和皮料。

3 用间距规标出3mm圆形爪钉的安装位置。

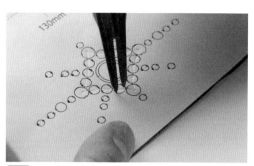

4 用间距规标出4mm圆形爪钉的安装位置。

要点

5　中途要翻开纸样，确认图案是否偏离。

6　标出镶嵌蛇皮装饰前端的6mm圆形爪钉的安装位置。

7　蛇皮装饰侧面的6mm爪钉安装孔要纵向标记，以免爪钉的钉脚跨插到蛇皮上。（译者注：蛇皮极其脆弱，要尽量少开孔。）

8　所有标记做好后的状态。

镶嵌蛇皮

将镶嵌装饰用的蛇皮贴在图案中央，重新做出需要跨插在蛇皮上的爪钉安装位置。

1　挑选蛇皮上纹理漂亮的位置，根据纸样用银笔描出需要的图案。

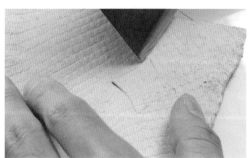

2　沿银笔描出的图案切下蛇皮。

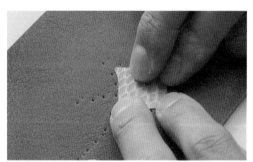

3　将切下的蛇皮根据设计好的位置摆在皮料上。

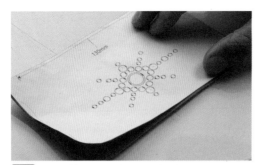

4 摆好纸样，确认镶嵌所用蛇皮的位置。

5 在蛇皮背面涂上白胶，粘在本体皮料上。

6 再次放好纸样，将需要跨插到蛇皮上的爪钉安装记号标出。

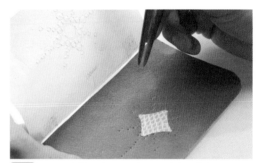

7 不要偏离第一次的记号位，要对齐纸样上的位置。

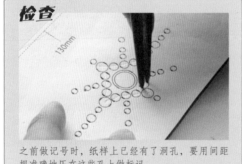

检查

之前做记号时，纸样上已经有了洞孔，要用间距规准确地压在这些孔上做标记。

8 蛇皮上也有了开孔标记，下一步是根据这些标记开安装孔。

开爪钉安装孔

根据皮料上的标记用錾刀开安装孔，
要用符合爪钉钉脚宽度的錾刀。

1 用1.5mm的錾刀在3mm圆形爪钉的安装记号上开孔。

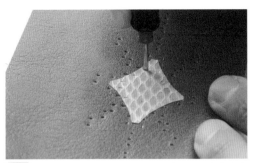

2 用2mm錾刀开4mm圆形爪钉的安装孔，蛇皮边缘的安装孔也用同一把錾刀来开。

3 用3mm錾刀开蛇皮中央的环状爪钉安装孔及6mm圆形爪钉安装孔。

4 开好所有爪钉安装孔后的状态。

☒   ☒

安装蛇皮装饰周围的爪钉

在镶嵌的蛇皮周边安装4mm和6mm的圆形爪钉。

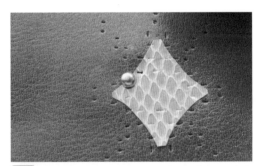

1 将4mm圆形爪钉按次序插入安装孔，其中一只钉脚会插在蛇皮上。

2 镶嵌的蛇皮周围共插入12个4mm圆形爪钉。

3 在镶嵌蛇皮周围插好4mm圆形爪钉的状态。

4 接着将6mm圆形爪钉插入四角部位。

 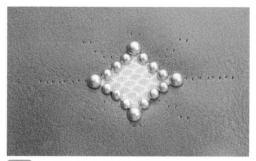

5 四角按次序插好6mm圆形爪钉。

6 6mm圆形爪钉全部插好后的状态。

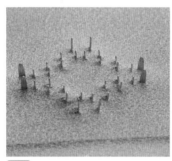 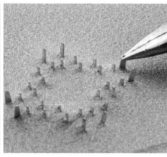 

7 将本体皮料翻过来，按次序折弯钉脚，根据钉脚的长度决定折弯的方法。

 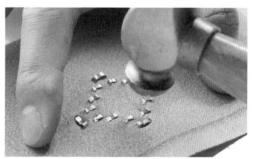

8 所有的钉脚全部折弯后的状态。

9 用铁锤的圆头敲打，使钉脚尖端嵌入床面。

10 用铁锤的平头敲打，使整个钉脚嵌入床面。

11 镶嵌蛇皮四周安好爪钉的状态。

安装 3mm、4mm 的爪钉

安装镶嵌在蛇皮四周的圆形爪钉。爪钉数量较多，请按顺序慢慢安装。

1 将3mm圆形爪钉插入安装孔。

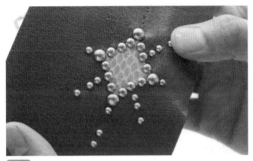

2 3mm圆形爪钉都插好后的状态。

3 接着，将4mm爪钉插入安装孔。

4 折弯爪钉的钉脚，用铁锤的圆头敲打，使钉脚尖端嵌入床面。

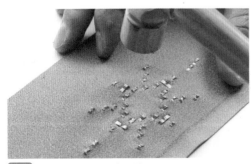

5 用铁锤的平头将钉脚尽量砸平。

6 蛇皮镶嵌与四周都安装好爪钉后的状态。

安装环形爪钉

安装图案中间的环形爪钉。本示例中使用蓝松石爪钉，也可以按喜好安装其他宝石的爪钉。

1 将宝石镶入环状爪钉的边框中。

2 使用正好可以镶进环状边框的宝石，或者选用原来就镶好宝石的爪钉。

3 用夹钳折弯镶爪，固定住宝石。

4 环状爪钉镶好宝石后的状态。

5 将环状爪钉插入镶嵌好的蛇皮中心。

6 用夹钳折弯环状爪钉的钉脚，并固定住爪钉。

用铁锤的圆头和平头依次敲打，使钉脚嵌入床面。

 7

8 完成爪钉安装工作。

爪钉的里皮粘贴

使用小手包时，会经常取放物品，因此在钉脚部分需要粘贴皮料做保护。这里用厚 1mm 的皮料做保护里皮。

1 裁切100mm×45mm大小的1mm皮料当作里皮。

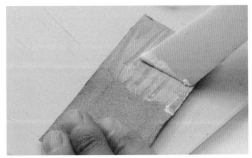

2 在里皮的床面涂上白胶。

3 将里皮贴在可以完全盖住所有钉脚的位置。

缝拉链

将拉链安装在本体上，用平缝法缝出
装饰感。

1 准备两片本体皮料与拉链，拉链的拉片应该位
于左侧。

2 对齐拉链与本体皮料。用银笔做好记号。标记好
粘贴拉链的位置。

3 用砂纸打磨本体皮料的上缘，将皮边打
磨平整。

4 用砂纸打磨后，再用涂上CMC的帆布打磨皮边。

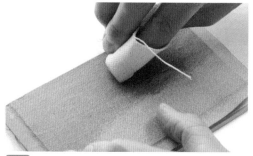

5 用涂上CMC的帆布打磨床面，粘好的里皮部分不用
打磨，只打磨里皮四周的床面层即可。

6 用玻璃板继续打磨本体的床面，小心不要用力过
大压扁爪钉。

要点

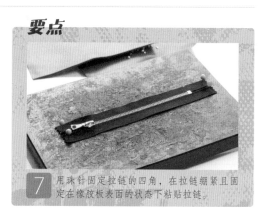

7 用珠针固定拉链的四角，在拉链绷紧且固
定在橡胶板表面的状态下粘贴拉链。

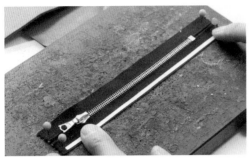

8 在拉链边缘粘上双面胶带，胶带太宽会超出范围，这里使用宽2mm的双面胶带即可。

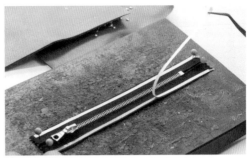

9 拉链两侧都粘好双面胶，撕掉胶带的保护贴纸。

10 对齐拉链上的记号粘贴本体皮料。

11 黏合后加压，使粘接处更牢固。

12 用同样的方法完成另一面，也要用手指按压使粘接处粘得更牢。

13 粘好后将本体皮料向下折，确认拉链的粘接位置没有问题。

要点

14 翻过皮面，如图所示，在拉链端部粘上双面胶。

15 如图，将拉链端部折成90度，粘在本体皮料的床面上。

91

16 图为粘好拉链端部后，从正面看时的状态。拉链位于本体皮料的内侧。

17 在距离本体皮料边缘3mm的位置，用间距规画出缝线记号线。

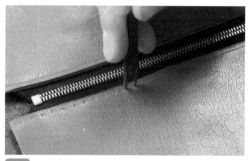

18 沿步骤17画出的记号线用圆冲做记号，标出缝孔的位置（译者注：作者这里使用的是二连装圆冲，不是菱斩）。

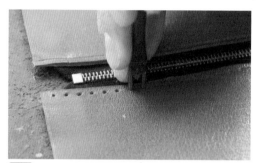

19 根据步骤18的标记开缝线孔。

20 前后两片本体部件开好缝线孔后的状态。

21 在缝线的一端穿好针，另一端打结后用打火机稍微加热，将线结固定。

22 用火烤一下线结，线结就不会轻易松脱了。

检查

从皮料背面将缝线穿过最上面的缝孔，将缝线一直拉到打结处。

23 用平缝法按次序缝合。

24 缝线从背面穿出时，不容易看到缝孔的位置，要小心不要错过任何一个线孔。

25 缝到最后一个线孔时，拉紧缝线，打结。

26 固定缝线后，剪掉多余的部分。

27 用火融化打结处进行固定。

28 用同样的办法缝好另一侧，完成本体与拉链的缝合。

缝合本体

本体皮料缝好拉链后缝合本体，使用内缝法对齐皮面后进行缝合。

1 除本体部件的上缘之外，用滚轮式双面胶带在其他三边上粘胶带。只需要在两片本体部件中的一片上粘胶带即可。

2 使用的是宽6mm的滚轮式双面胶，这只是起暂时的固定作用，超出粘贴范围部分的胶带之后会被撕掉。

3 将本体皮料的正面皮面层相对，按次序黏合三边。

要注意粘接时不要有褶皱，并确保已经黏合好其他三边。

5 黏合三边后，将间距规调整成4mm，画出缝合记号线。

6 根据缝合记号线用菱斩做出打孔记号。第一个缝孔应该与拉链的缝孔隔开一个缝孔的距离。

7 本体皮料的三边上都打好缝线孔后的状态。

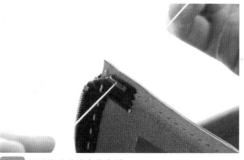

8 用平缝法缝合本体皮料。

9 因为是内缝法，所以看不到缝合线。用双针缝法按次序完成缝合。

10 缝到最后一个针孔后，回两针，剪断多余缝线。

11 之后抹上白胶固定住线头（使用尼龙蜡线时，也可以烧熔线头进行固定）。

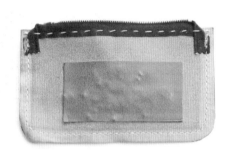

12 缝合好本体后的状态。将本体翻回正面后即可完成作品。

将本体翻回正面

缝合四周后将本体翻过来，转角部分
要剪出牙口，以便顺利翻出漂亮的形状。

要点

1 在开始翻转本体前，转角部分要以如图的做法开出牙口。

2 开好牙口的状态。另一侧也要开出同样的牙口。

3 拉开拉链，将里面向外拉，将本体翻回正面，最后将手指伸入里侧将转角部分向外推。

4 本体翻回正面后的状态。用生胶片（译者注：橡胶片或硬橡皮也可代替）擦掉多余的胶带。

制作皮拉片

最后制作皮拉片组装在拉链上，这一部分也要安装爪钉。

1 根据纸样用厚度为1mm的皮料裁下一小块拉片皮料。

2 细的一侧斜削打薄10mm的宽度。

3 将细的一侧穿过拉链上的拉片连接孔。

4 然后将细的一侧绕向皮料背面，从皮料上开好的刀口处穿出来。

5 从背面看的状态。

6 在穿出的细皮条两侧用2mm錾刀开爪钉安装孔。

检查

从皮面侧插入4mm爪钉，将床面侧的细皮条放在两个钉脚之间。

7 用夹钳折弯爪钉钉脚。

8 折曲钉脚前端，使钉脚前端嵌入细皮条里。

9 用铁锤敲打，使钉脚嵌入皮料里。

10 如图所示。

11 从正面看的状态。皮拉片完成。

完成！

完成图。造型很简单。可以改变拉链的尺寸，也可以修改成不同的尺寸，并以此拓展设计范围。

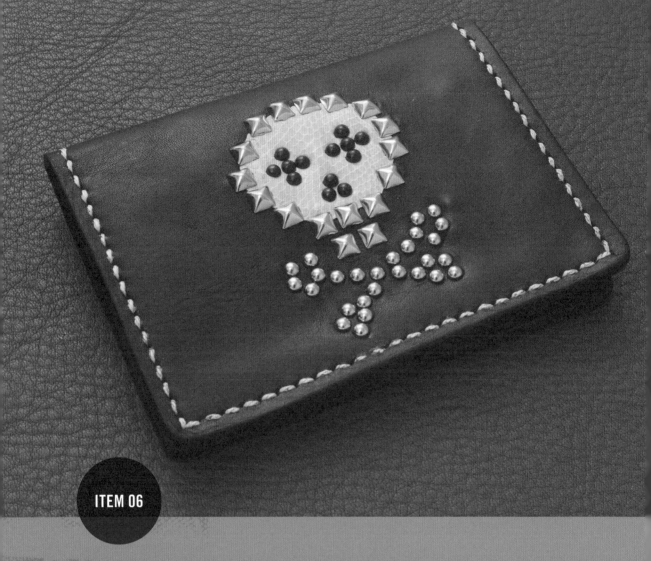

ITEM 06

卡夹

收纳 IC 卡与信用卡等使用的卡夹，用金字塔形爪钉及圆形爪钉表现骷髅图案。卡夹内装有里侧贴片以免钉脚接触到卡片，以完成有品质的作品。虽然是每天都用到的皮件，但却因为安装了爪钉而变得更有特色。

Card case

Parts 材 料　　　3mm 圆形爪钉按颜色分类使用。

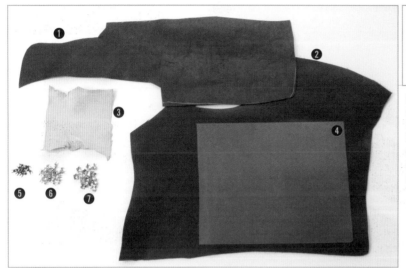

❶ 里皮贴片：LATIGO/3mm厚
❷ 本体皮料：LATIGO/1.5mm厚
❸ 镶嵌装饰皮料：蜥蜴皮
❹ 透明板：透明档案夹
❺ 圆形爪钉：黑色3mm×13
❻ 圆形爪钉：银色3mm×27
❼ 金字塔形爪钉：银色4.8mm×17

Tools 工 具　　　皮料边缘需要染色，要准备与本体皮料颜色类似的颜料。

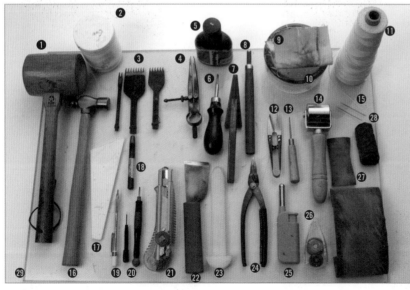

⑩ CMC
⑪ 手缝线
⑫ 线剪
⑬ 圆锥
⑭ 滚轮
⑮ 手缝针
⑯ 铁锤
⑰ 上胶片
⑱ 圆冲：25号（直径7.5mm）
⑲ 银笔
⑳ 錾刀：1.5mm、2mm
㉑ 美工刀
㉒ 裁皮刀
㉓ 多用磨边器
㉔ 夹钳
㉕ 打火机
㉖ 滚轮式双面胶带
㉗ 砂纸
㉘ 蜡
㉙ 塑胶板
※其他：直尺、橡胶板、小
盘子、棉花棒

❶ 木槌　　　　❹ 间距规　　　　❼ 多用打磨器
❷ 白胶　　　　❺ 染料：焦茶色　❽ 雕刻刀：圆头
❸ 菱斩　　　　❻ 削边器　　　　❾ 帆布

裁切各部件

裁切本作品的部件时需要一些技巧，
我们将从裁切要点开始介绍。

1 将纸样放在皮料上，用银笔沿纸样画出形状。

2 卡窗部件先整个切下来，内部卡窗稍后再说。切内部卡窗时需要一些技巧。

要点

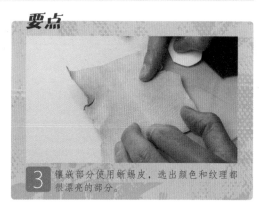

3 镶嵌部分使用蜥蜴皮，选出颜色和纹理都很漂亮的部分。

4 选好部位，根据纸样用银笔画出形状。

5 根据步骤**4**的形状用美工刀切出所用皮料。

6 裁切里皮贴片，比本体正面的皮料裁得要大一些，也可以黏合皮料后再裁切。

7 裁切卡窗部件。用美工刀和直尺切出外轮廓。

要点

| 8 | 卡窗四角为圆弧形，用25号圆冲在四角打上圆孔。 |

| 9 | 用美工刀裁切圆孔之间的部分，根据纸样裁出内侧卡窗。 |

| 10 | 卡位夹层的上缘要切成大曲线，因此不能停下美工刀，必须一次性裁出所需线条。 |

| 11 | 卡位夹层上缘裁切完成的状态。如果中途刀刃出现停顿，断面就无法切至平齐。 |

裁切好所有部件的状态。

| 12 |

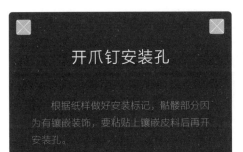

开爪钉安装孔

根据纸样做好安装标记，骷髅部分因为有镶嵌装饰，要粘贴上镶嵌皮料后再开安装孔。

| 1 | 用间距规标出金字塔形爪钉的安装位置。 |

2 用间距规标出3mm圆形爪钉的安装位置。

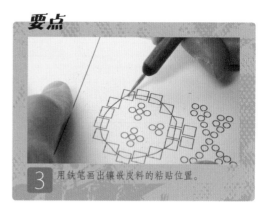

3 用铁笔画出镶嵌皮料的粘贴位置。

4 在皮料上做好安装孔记号及画好镶嵌皮料粘贴线的状态。

5 在将要粘贴镶嵌装饰皮料的部分涂上橡皮胶。

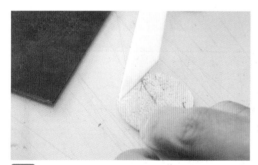

6 在蜥蜴皮的背面也涂上橡皮胶。

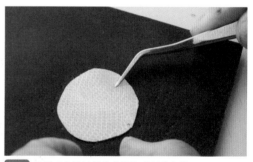

7 根据画出的记号线粘好镶嵌用的皮料。

8 在加压前要对照纸样确认粘贴位置。

9 确认位置后，用手指加压，使皮料紧密黏合。

要点

10 金字塔形爪钉的钉脚跨插两种皮料，粘好镶嵌皮料后需要再次标出安装孔记号。

11 标记出组成眼睛和鼻子图案所使用的3mm圆形爪钉的安装位置。

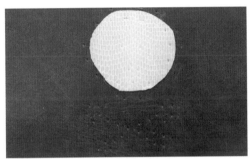

12 在镶嵌皮料上做好安装标记的状态。

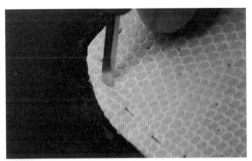

13 用2mm錾刀开金字塔形爪钉的安装孔，镶嵌皮料周围有15个跨插的爪钉。

14 用1.5mm錾刀开镶嵌皮料上组成眼睛和鼻子的3mm爪钉安装孔。

15 交叉骨头部分用3mm爪钉制作，因此也用1.5mm錾刀开孔。

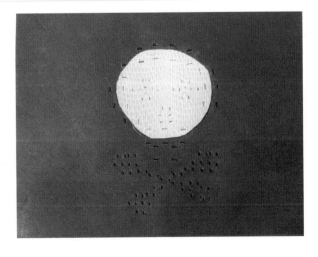

开好所有安装孔的状态。

 16

安装爪钉

安装爪钉，交叉骨头的部分爪钉太密，
要注意爪钉的安装位置。

1 按次序插入构成骷髅轮廓的金字塔形爪钉。

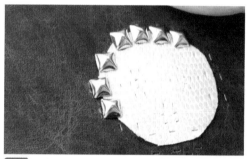

2 因为钉脚不会互相干扰，所以插入所有爪钉后再折弯钉脚。

3 插入所有金字塔形爪钉后的状态。

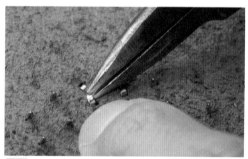

4 用夹钳折弯金字塔形爪钉的钉脚，钉脚的长度标准，用最基本的2段折弯法折弯钉脚。

5 用铁锤敲打，使钉脚嵌入床面。先用圆头再用平头。

6 金字塔形爪钉完全安装完毕，现在还看不出骷髅的形状。

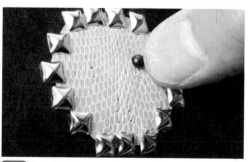

7 按次序安装组成眼睛和鼻子的3mm爪钉。

8 用5个圆形爪钉构成眼睛，这5个爪钉要紧靠在一起。

9 用3个3mm圆形爪钉构成鼻子，眼睛和鼻子共使用13个爪钉。

10 3mm爪钉的钉脚比较短，须一次性折弯钉脚。

11 用铁锤的圆头和平头按次序敲打，使钉脚嵌入床面。

12 安装好表现眼睛和鼻子的爪钉后，看起来像骷髅了。

按次序用3mm圆形爪钉安装交叉骨头部分。

13

14 按次序折弯钉脚，爪钉的数量很多，要注意钉脚的折弯方向必须正确。

15 折弯所有的钉脚后用铁锤敲打，使钉脚嵌入床面。

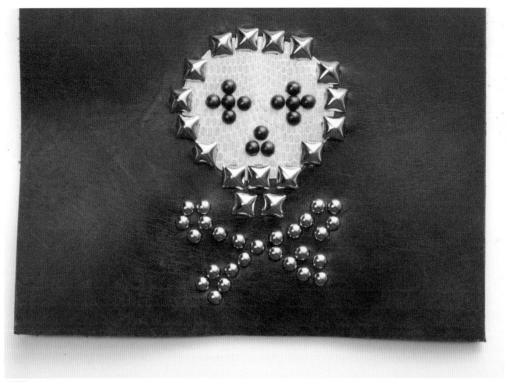

16 骷髅图案完成。改变镶嵌皮料与爪钉的颜色就可以做出更具个性的图案，可以按自己的爱好来制作。

各部位的预处理

完成爪钉图案后，处理床面与皮边，按次序完成各部件的预处理。

1 用涂上CMC的帆布打磨卡窗部件的床面。

2 再用玻璃板进一步打磨。

3 为了减少皮料重叠的厚度，要削薄卡位夹层A部件除上缘外的三条边。在距离皮边10mm处开始斜削（削薄）。

4 将皮料厚度削薄到原来的一半，削薄时要注意不要削穿皮面。

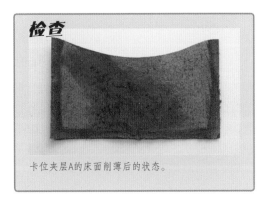

检查

卡位夹层A的床面削薄后的状态。

5 打磨卡位夹层A与B的床面，先用涂上CMC的帆布打磨，再用玻璃板打磨，不要打磨卡位夹层A削薄过的部分。

6 用削边器和砂纸修正卡位夹层A与B的皮边，再用涂上CMC的帆布打磨。

7 卡窗内框也做同样处理。

8 卡窗放卡一侧的皮边也要做同样处理。

9 红色标记的部分是需要在缝合前打磨修整的部分。

在卡窗上缝透明塑料片

将透明塑料片放进卡窗内侧缝合，本作品使用透明档案夹裁切出来的塑料片。

1 将纸样对准透明塑料片，在距离卡窗内框6mm处做标记。

2 按步骤**1**做出的标记切下长方形塑料片。

3 将间距规调成3mm，沿卡窗内框画出缝线记号线。

4 按记号线用菱斩打好缝线孔，转角部分使用2齿菱斩打孔。

5 打直线时使用斩齿较多的菱斩更方便，不过也可以使用2齿菱斩。

6 卡窗内框打好线孔的状态。

7 沿卡窗内框的床面使用滚轮式双面胶带粘上双面胶。

8 在卡窗内框上黏合透明塑料片，确认所有的缝线孔都位于塑料片内侧。

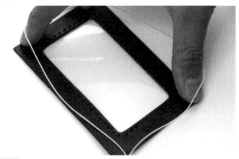

9 缝合二者，准备长度为缝合距离4倍的缝线，两头都穿好手缝针。

10 不用打孔，直接用针贯穿塑料片，开始缝合。

11 缝合一整圈后回缝一针。

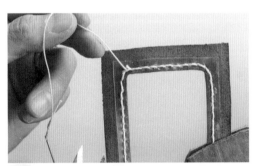

12 正面的缝线多回一针，将针线穿到床面，剪掉多余的线。

13 修剪线头，涂上白胶固定。

14 卡窗内框缝好透明塑料片的状态。

检查

透明塑料片要使用即使开孔也不会裂开的材质

因为材质关系，有时塑料片会在开孔时裂开，选用的塑料片使用前要用圆锥或针扎几个洞试试看，确认是适合缝合的材质才可以使用。

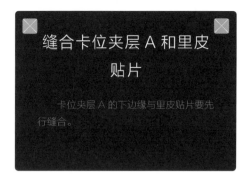

缝合卡位夹层 A 和里皮贴片

卡位夹层 A 的下边缘与里皮贴片要先行缝合。

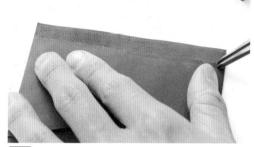

1 于卡位夹层A的下缘床面上，用滚轮式双面胶带粘上双面胶，黏合里皮贴片。将间距规的宽度调整成3mm，画出缝合记号线。

2 根据缝合记号线用菱斩打出线孔。

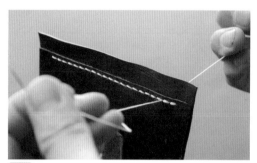

3 缝合卡位夹层A的下缘后，于床面侧处理线头。

卡位夹层A和里皮贴片缝合后的状态。

 4

黏合本体和里皮贴片

黏合本体与里皮贴片，卡位夹层 A 的位置在骷髅图案的背面。

1 准备本体部件与里皮贴片，卡位夹层A位于骷髅图案的背面。

2 在里皮贴片的床面和本体床面上都涂上橡皮胶。

3 对齐转角部分，黏合本体和里皮贴片。

4 黏合二者之后，要仔细按压以使其粘得更牢固。

里

表

二者黏合之后的状态。

5

缝合本体以及各部件

缝合本体、卡窗部件、卡位夹层B，
需要缝合一整圈。

1 备好本体、卡窗部件、卡位夹层B，确认安装位置。

2 卡位夹层B除上缘外，须在其他三边上涂好白胶。

3 于本体上安装卡位夹层B的部分涂上白胶。

4 对齐转角，将卡位夹层B粘在本体上。

5 确认本体上粘贴卡窗的位置，涂上白胶。

6 卡窗除放卡口一侧外，其他三边均须在床面侧涂上白胶。

7 对齐转角，黏合卡窗与本体。

要点

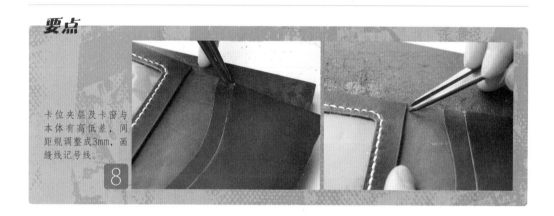

卡位夹层及卡窗与本体有高低差，间距规调整成3mm，画缝线记号线。

8

9 卡位夹层及卡窗有高低差部分，用圆锥做出基点记号，以此为基准，从皮料正面侧开出缝孔。

10 用调整成3mm的间距规于本体四周画缝线记号线。

11 以步骤**9**中开出的基础孔位为基础，用菱斩做出缝线记号。

12 根据记号打出缝线孔，可以顺利避开高低差部分来开缝线孔。

13 本体上打好线孔的状态。

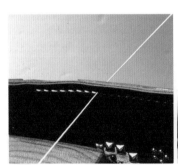  

14 用双针缝法缝合，在有高低差的部分需要进行双线缝合。

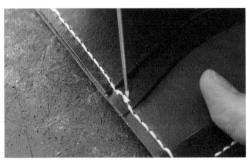

15 将缝线穿出本体里侧，剪掉多余的线，涂上白胶固定线头。

16 各部件缝合好，完成卡夹基本形状的状态。

17 用雕刻刀将转角切成圆弧形，也可以用美工刀慢慢切成圆弧形。

四个转角都切成圆弧形的状态。最后的工作是修整皮边。

18

修整皮边

缝合本体各部件后，打磨修整皮边，用染料将边缘染成和本体一样的颜色。

1 用削边器给本体削边。

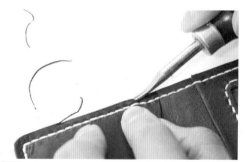

2 本体的里侧也要进行削边，包括有高低差的部分。

3 边缘比较厚，要使用多用磨边器仔细打磨，以调整皮边的形状。

4 用打磨器打磨后，再用砂纸打磨。

5 打磨后，用棉花棒将染料涂在皮边上进行边缘染色。

6 染色后，用涂上CMC的帆布打磨皮边。

7 待CMC干燥后，给边缘涂上蜡。

8 涂蜡后，用多用磨边器打磨皮边。

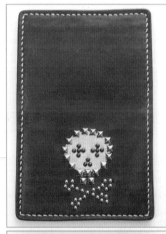

完成！

完成图如上，刚开始对折时皮料无法叠的很服帖。这时，我们可以打湿对折处，这样一来就可以折叠出漂亮的形状了。

ITEM 07 托特包

有用爪钉构成的鹿图案，且造型简单，并用内缝的方式缝合，使用起来颇为方便的 A4 大小托特包。里侧有口袋，实用性强，因为包的表面积很大，所以也可以组合上其他图案做装饰。

Tote bag

Parts 材 料　　制作图案的爪钉数量较多, 要准备足够的数量。

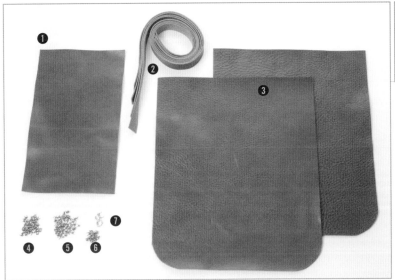

❶ 口袋：植鞣革·荔枝纹/1mm厚
❷ 提把：植鞣革·荔枝纹/2mm厚
❸ 本体：植鞣革·荔枝纹/2mm厚
❹ 圆形爪钉：黄铜色3mm×32
❺ 圆形爪钉：银色3mm×63
❻ 圆形爪钉：黄铜色4mm×11
❼ 长方形爪钉：银色8mm×4

Tools 工 具　　生胶片可以用来擦除橡皮胶。

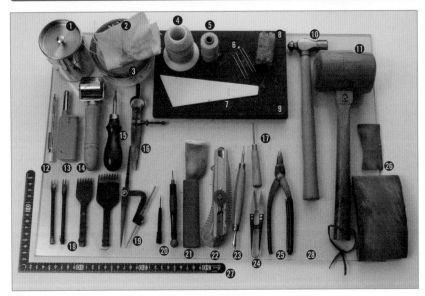

⓭ 打火机
⓮ 滚轮
⓯ 削边器
⓰ 间距规
⓱ 圆锥
⓲ 菱斩、圆冲
⓳ 圆规
⓴ 錾刀：1.5mm、2mm
㉑ 裁皮刀
㉒ 美工刀
㉓ 压擦器
㉔ 线剪
㉕ 夹钳
㉖ 砂纸
㉗ 曲尺（L尺）
㉘ 塑胶板

❶ 橡皮胶
❷ 帆布
❸ CMC
❹ 手缝线：细
❺ 手缝线：粗
❻ 手缝针/珠针
❼ 上胶片
❽ 生胶片
❾ 橡胶板
❿ 铁锤
⓫ 木槌
⓬ 银笔

本体预操作

本体两侧的床面除上缘外，另外三条边从距皮边 12mm 处削薄。

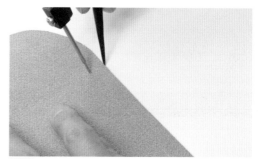

1 上缘除外，将圆规调成12mm，在本体皮料的床面侧沿边缘画线。

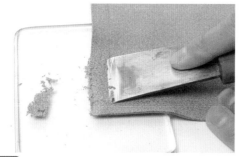

2 从画线处开始向外以斜削方式削薄。

本体皮料削薄后的状态。正反两侧的两片本体部件都要进行削薄。

3

开爪钉安装孔

将纸样放在本体皮料上（前后两片皮料形状相同，这里任意取一片即可），在爪钉的安装位置上开孔。

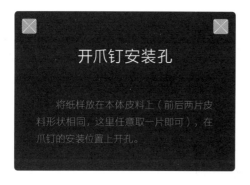

1 对齐位置后，用胶带粘住纸样和皮料，以免纸样错位。

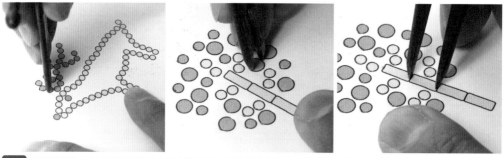

2 画好图案后，按次序标出各爪钉的安装位置，树干部分使用长方形爪钉，钉脚要纵向安装。不同的爪钉在图案上要涂上不同的颜色以便区分，也让安装爪钉变得更方便。

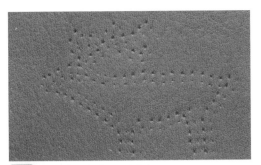

3 鹿图案打好安装记号的状态。

4 树图案打好安装记号的状态。

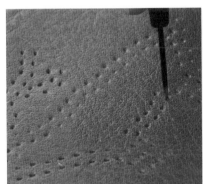

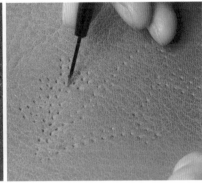

鹿图案使用3mm爪钉，用1.5mm錾刀开安装孔。

5

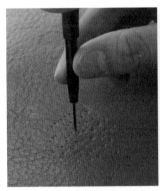

树叶使用3mm及4mm爪钉，用1.5mm錾刀开安装孔。树干使用长方形爪钉，用2mm錾刀开安装孔。

6

7 按次序开好鹿图案安装孔的状态。

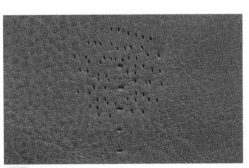

8 开好树图案安装孔的状态。

安装爪钉

将爪钉插入安装孔，按次序折弯钉脚
固定。不要弄错爪钉的颜色和尺寸。

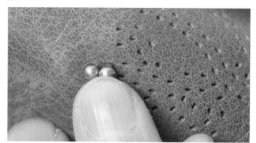

1 从使用3mm黄铜圆形爪钉的鹿角、眼睛及鼻子部位
开始，按次序插入爪钉。

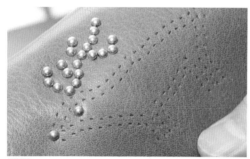

2 插入3mm黄铜圆形爪钉后的状态。

3 用夹钳折弯钉脚，由于钉脚较短，所以一次就可以
折弯。

4 所有的钉脚都折弯以后，用铁锤的圆头和平头按
次序敲打，使钉脚嵌入床面。

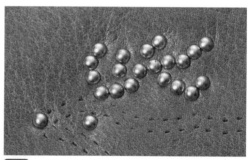

5 安装好黄铜圆形爪钉后，鹿的角、眼睛、鼻子就
完成了。

6 按次序插入3mm银色圆形爪钉。

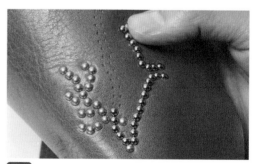

7 按次序插入银色爪钉后，鹿的图案就越来越明
显了。

8 插入所有的银色爪钉后，鹿图案就完成了。

9 插入所有的银色爪钉后折弯钉脚。爪钉数量很多，折弯时要注意不要弄错方向。

10 用铁锤的圆头和平头按次序敲打，使钉脚嵌入床面。

11 完成鹿图案后的状态。

◢◣ 树图案

1 使用3mm黄铜圆形爪钉插入树叶部分。

2 用夹钳折弯钉脚。黄铜爪钉的钉脚一次就可以折弯。

3 用铁锤敲打钉脚使其嵌入床面。

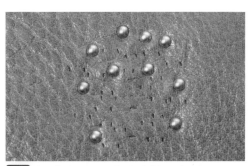

4 表现树叶的3mm圆形爪钉安装好后的状态。

5 将表现树叶的4mm黄铜圆形爪钉按次序插入安装孔。

6 4mm爪钉都插入安装孔后的状态。

7 4mm爪钉的钉脚稍长，用2段法进行折弯。

8 用铁锤的圆头和平头依次敲打，使钉脚嵌入床面。

9 3mm和4mm黄铜爪钉安装好后的状态。

10 插入3mm银色圆形爪钉。

11 插入所有的银色爪钉，完成树叶部分的图案。

折弯钉脚，用铁锤敲打，使钉脚嵌入床面。

12

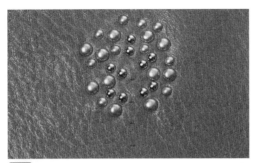

13 树叶部分的图案完成。

14 插入树干部分的8mm银色长方形爪钉。

15 表现树干的长方形爪钉两个钉脚要分别折弯。

要点

16 安装第二个长方形爪钉时，将第一个钉脚插入上一个长方形爪钉的第二个钉脚安装孔中。

17 钉脚穿出的情况如图。因为两个钉脚从一个孔穿出不易折弯钉脚，所以刚才要先折弯第一个爪钉的钉脚。

18 因为已经事先折弯了其他钉脚，所以新安装的钉脚才得以顺利折弯。

19 折弯钉脚后用铁锤敲打，使钉脚嵌入床面。

20 其余的长方形爪钉也用同样的办法安装，和上一个爪钉共用安装孔。按次序安装固定。

21 共用的安装孔有时钉脚无法顺利插入，请用錾刀扩大安装孔。

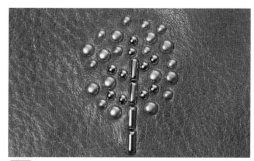

22 安装好树干部分的4个长方形爪钉，完成树图案。

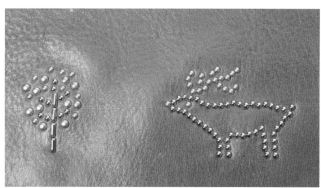

23 完成所有图案后的状态。

制作提把

提把是用两片皮料缝合而成。长度根据使用情况调整。示例中的提把长360mm。

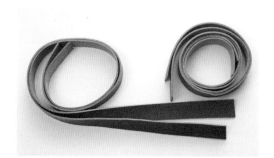

1 示例中的提把与本体使用的是同一种皮料，也可以使用皮带皮料。

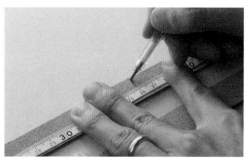

2 标出将要使用的长度，本示例的提把长度为360mm。

3 根据记号裁切提把。提把共需要4片皮料，长度均相等。

4 提把皮料整齐裁好后的状态。

5 在提把皮料的床面涂上白胶，两片提把皮料的床面侧都要涂胶，以方便黏合。

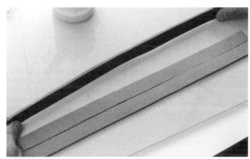

6 注意不要错位，将两片皮料的床面对粘在一起。

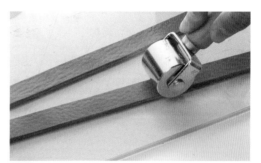

7 黏合后用滚轮加压，使黏合更牢固。

8 白胶干燥后，用砂纸打磨皮边，使皮边平整。

9 用削边器给提把削边，4条边都要削。

10 削边后用砂纸打磨，将皮边打磨成半圆形。

11 形状打磨好之后，用涂上CMC的帆布打磨。皮边的加工对皮具的使用影响很大。

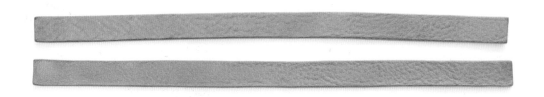

12 用同样办法完成另一条提把的加工。提把是实际拿在手中的部件，请用手触摸皮边，感觉处理得不够时，建议重新打磨。

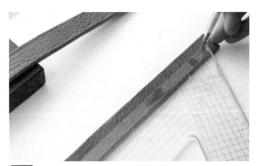

13 在提把皮料的中线上画缝合记号线。提把宽度为20mm，因此应在10mm的位置画线。

14 根据步骤**13**的记号线，用圆冲做出缝线记号。

15 在第7个缝孔处做出标记。

16 根据步骤**14**的记号用圆冲打出线孔，建议使用多连装的圆冲以提升效率。

17 提把上打好缝线孔后的状态。

18 准备长度为缝合距离2倍的缝线，一端穿好针，另一端打结，并用打火机使线结熔化在一起。

要点

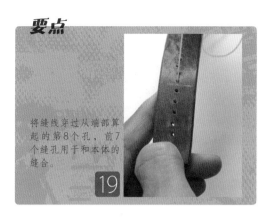

将缝线穿过从端部算起的第8个孔，前7个缝孔用于和本体的缝合。

19

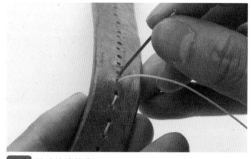

20 用平缝法缝合。

21 留下7个缝孔不缝，将线头穿出内侧，打结后用打火机固定。

22 用铁锤将缝线敲平。

23 提把缝合好后的状态。用同样的办法完成第二条提把。

制作口袋

制作安装在包里侧的内袋。口袋形状很简单，是用一片皮料折叠缝合而成。

对照纸样裁出口袋部位的皮料。

1

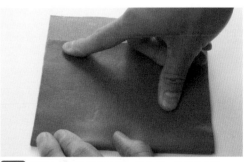

2 在距上缘14cm处做记号。记号处是反折口袋皮料的位置。

3 根据步骤2的记号反折口袋皮料，要压出折痕。

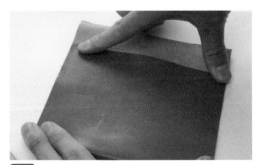

4 在皮料两侧需要黏合的边缘床面上涂上白胶，宽度为3mm。

5 折起皮料，对齐位置，加压黏合。

6 在折起部分的边缘用调成3mm的间距规画出缝线记号线。

7 按照记号线打出缝线孔，前袋身皮料的上缘上方要多打一个缝孔。

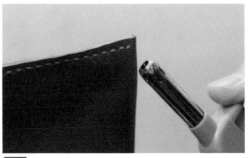

8 将缝线穿过前袋身上缘上方的缝孔，头一针使用双重缝线加固，然后按次序缝合。

9 缝合到最后回缝一针，缝好后剪断线头，用打火机烧熔固定。

10 缝合两侧后形成口袋状。

11 用砂纸打磨缝合部分的皮边,再用涂上CMC的帆布打磨。

组装提把和口袋

将口袋和提把缝在本体上。示例中只在单侧安装了口袋,但制作时两侧都可以加上口袋。

1 将纸样放在本体皮料上,透过纸样用圆锥做出提把组装记号。

2 对齐组装位置,将提把摆在本体上。

3 将圆锥插进提把上的缝孔,在本体上做出缝孔位置的记号。

4 按步骤3的记号,用圆冲在本体上开出缝孔。

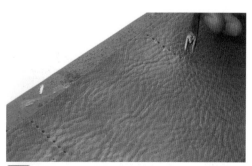

5 两侧的提把组装位置都要开出缝孔。

6 在本体安装口袋侧的床面上做记号，标出安装口袋的位置。

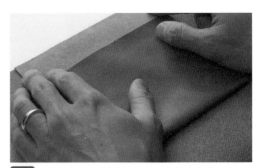

7 对齐安装提把的位置，确认口袋的安装位置。

要点

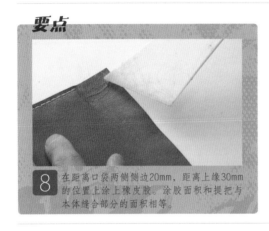

8 在距离口袋两侧侧边20mm，距离上线30mm的位置上涂上橡皮胶。涂胶面积和提把与本体缝合部分的面积相等。

9 本体床面上要黏合口袋的位置，也要涂上橡皮胶。

10 将口袋粘在安装位置。

11 粘好口袋后，再次用圆冲根据打好的缝孔打孔，在口袋上开出缝孔。

要点

12 有几个缝孔位于口袋的前片下方，要翻起口袋前片再打孔，以免缝孔打到口袋前片上。

13 将橡皮胶涂在提把里侧（表里一样，涂抹在任何一侧都可以）要和主体缝合的位置上。

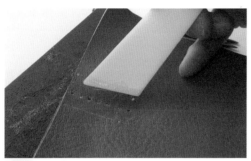

14 在本体表面上将要缝合提把的位置涂上橡皮胶。

15 用珠针插入第一个缝孔固定提把位置，对齐其他缝孔，黏合提把和本体。

16 再用另一根珠针插入最下面的缝孔，保证本体和提把上的线孔对齐。

17 本体皮料黏合好提把后的状态。注意提把不要扭成螺旋状。

要点

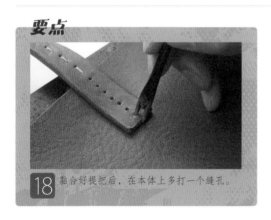

18 黏合好提把后，在本体上多打一个缝孔。

要点

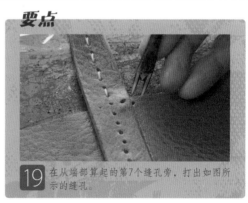

19 在从端部算起的第7个缝孔旁，打出如图所示的缝孔。

20 提把部分的缝孔打法如上图。

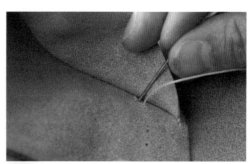

21 缝线一端穿好针，一端打结。将缝针穿过最下方的缝孔（提把下方额外打在本体上的缝孔）后开始缝合。

22 提把端部绕缝一圈。

要点

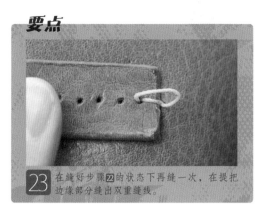

23 在缝好步骤22的状态下再缝一次，在提把边缘部分缝出双重缝线。

24 缝线穿过缝孔的状态。

25 缝到第7个缝孔时，开始缝合横向打出的线孔。

26 注意步骤25中缝线的次序。

要点

27 提把边缘绕缝两次，第2次绕缝后，将针从提把与本体之间穿出。

28 缝线从提把和本体之间穿出后，穿过本体上正中间的缝孔（纵向的第7个缝孔）。

29 缝线穿过本体后，从皮料里侧向外侧穿出，穿出提把另一侧的缝孔。

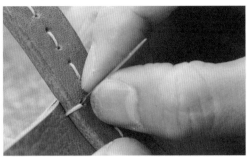

30 在提把的缝孔和主体上的缝孔之间绕缝2次。

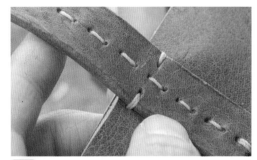

31 在提把边缘绕缝2次后，将缝线穿出里侧，缝合告一段落。

32 缝线穿出里侧后留下2~3mm的线头，其余剪断。

33 用打火机烧熔，以固定线头。

提把缝合状态如左图。
34

35 用同样的办法缝合另一端提把。

36 提把与本体缝合好后的状态。

37 本体的另一侧没有口袋，直接用同样的方法缝好提把。

38 缝线打结后用铁锤敲打，使之嵌入床面内。

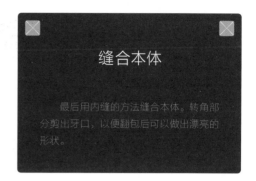

缝合本体

最后用内缝的方法缝合本体。转角部分剪出牙口，以便翻包后可以做出漂亮的形状。

✖ 缝合本体

1 准备本体的前后包身，二者形状相同，但只有前包身安装了爪钉。

2 除上缘外，前、后包身皮料的其他三边边缘上都于正面涂上橡皮胶。

3 涂上的橡皮胶虽然只是临时固定，但也要涂抹到边缘顶端，以免缝合过程中固定部分脱胶。

4 对齐位置，将两片包身本体部件以正面相对的方式黏合。

5 确认没有错位后加压，使粘接部位粘得更牢。

■缝孔

6 在距离削薄线12mm处（不是距皮边12mm，是距里侧的削薄线）用圆规画出缝合记号线。

要点

7 根据记号线打缝孔，因为边缘部分要绕缝，所以打孔时有一个斩齿没有放在皮料上。

8 圆弧位置用2齿菱斩打孔。

9 另一侧上缘的边缘也要绕缝，因此调整好菱斩的间距后再打缝孔。

■缝制

本体的三边都打好缝孔的状态。

10

要点

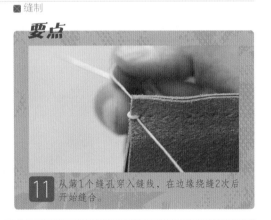

11 从第1个缝孔穿入缝线，在边缘绕缝2次后开始缝合。

用双针缝法缝合本体四周。

12

13 缝合到另一侧的边缘后绕缝两次，之后进行回针缝。

14 缝合到终点后向后回缝数针。

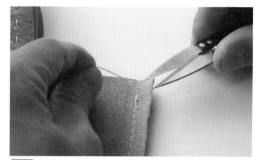

15 预留2~3mm的线头，其余剪断。用打火机烧熔，以固定线头。

■ 分开本体

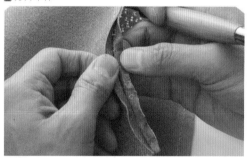

16 用压擦器将粘在一起的本体皮料边缘分开，一直分开到缝线部分。

17 从皮边到缝线之间的部分，即从皮边到距削薄线12mm处，涂上橡皮胶。

18 本体两侧都要涂胶。

19 如图所示，将本体边缘反折后粘在床面上。

要点

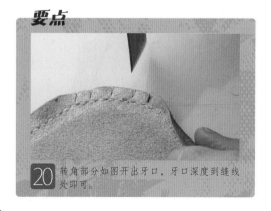

20 转角部分如图开出牙口，牙口深度到缝线处即可。

21 剪好牙口的转角部分也要将本体的皮边粘在床面上。

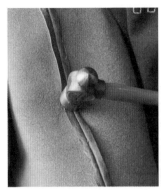

用铁锤敲打本体翻开黏合的皮边，使之紧密黏合。

 22

23 对遗留的橡皮胶用生胶片擦掉。

▨ 将本体翻回正面

24 将手压在缝线上，将包身翻回正面。

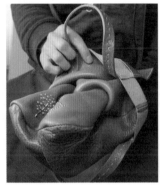

 25 按次序将整个包身压进去，就可以将包身翻回正面。

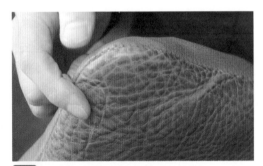

26 边角部位要压到可以看见缝线为止。

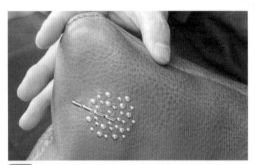

27 将整个包身翻过来后，仔细调整形状。

完成!

完成如下。建议组合上其他图案变化出更加有趣的作品。

ITEM 08

皮带

用爪钉装饰的皮带，不论男女都适用的基本款流行皮具。安装的爪钉数量较多，制作时要花费不少时间。不过只要图案绘制得仔细，用最基本的爪钉安装技巧就能完成，建议大家挑战一下试试看。

Belt

Parts 材 料　　　主要图案中所使用的 6mm 爪钉需要 100 个以上的数量

❶ 本体：植鞣革/4mm厚
❷ 圆形爪钉：黄铜色6mm×128
❸ 圆形爪钉：黄铜色3mm×8
❹ 圆形爪钉：黄铜色4mm×30
❺ 椭圆形爪钉：黄铜色9.5mm×4
❻ 环状爪钉+宝石：黄铜色
　12.5mm×10
❼ 椭圆形爪钉：黄铜色18mm×4
❽ 圆形爪钉：黄铜色12.5mm×32
❾ 牛仔扣（译者注：201四合
　扣）：13mm×2套
❿ 皮带扣：黄铜色，宽度40mm

❸ ❹ ❷ ❺ ❻ ❽ ❼

Tools 工 具　　　因为使用了各种尺寸的爪钉，所以所用的錾刀尺寸也有变化。

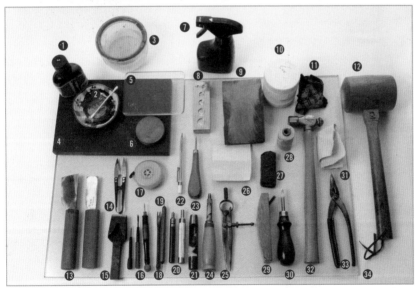

⓭ 裁皮刀
⓮ 线剪
⓯ 皮带冲：21mm（或使用
　12号圆冲）
⓰ 錾刀：1.5mm、2mm和3mm
⓱ 卷尺
⓲ 菱斩
⓳ 铁笔
⓴ 牛仔扣安装工具
㉑ 圆冲：40号（直径12mm）
㉒ 银笔
㉓ 圆锥
㉔ 螺旋冲
㉕ 间距规
㉖ 垫片
㉗ 蜡
㉘ 手缝线、手缝针
㉙ 小刨子
㉚ 削边器
㉛ 帆布
㉜ 铁锤
㉝ 夹钳
㉞ 塑胶板

❶ 染料：焦茶色　　　❺ 玻璃板　　　❾ 砂纸
❷ 小盘子、棉花棒　　❻ 磨边器　　　❿ 白胶
❸ CMC　　　　　　　❼ 喷壶　　　　⓫ 布块
❹ 橡胶板　　　　　　❽ 万用打台　　⓬ 木槌

加工皮带本体

皮带宽40mm，市面上可以买到已经裁好的40mm宽皮条，建议购买使用。

1 将纸样放在皮料上，用银笔画出形状。

2 从皮带扣的长形孔到扣针固定孔位置，全部画上图案。

3 调节长度后裁掉多余的皮料。

4 根据纸样裁切皮带前端。

要点

5 打皮带扣位置的长形孔时，可以使用皮带冲，也可以使用12号圆冲打两个圆孔后再切出长形孔。

6 用圆冲于长形孔两端打圆孔。

7 用裁皮刀（或美工刀）裁切两个孔之间的部分，切出长形孔。

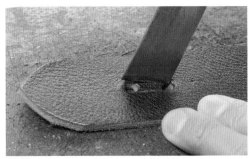

8 刀刃宽度大于孔的长度，因此在两头轮流下刀，用压切方式裁切（译者注：使用平头木雕刀或一字斩要更容易操作）。

9 将皮带扣安装孔（插入扣针的孔）裁成如图样式。

10 反折皮带扣安装部位后要用牛仔扣固定。从长孔部分开始，以斜削的方式削薄皮料。

11 用裁皮刀削薄到一定程度后，使用小刨子将皮面削得更平整。

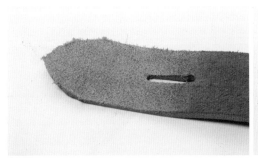

12 将安装皮带扣的部分削薄成图中形状。这个部分必须削薄才可以顺利安上皮带扣。

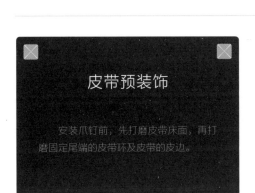

皮带预装饰

安装爪钉前，先打磨皮带床面，再打磨固定尾端的皮带环及皮带的皮边。

1 裁好皮带皮料后，用砂纸打磨皮边，调整皮边的形状。

2 之后用削边器进行削边。

3 床面侧也要进行削边。

4 削边后用砂纸将皮边磨成半圆形。

5 用砂纸打磨成形后，将皮边染上和本体一样的颜色或更深的颜色。

要点

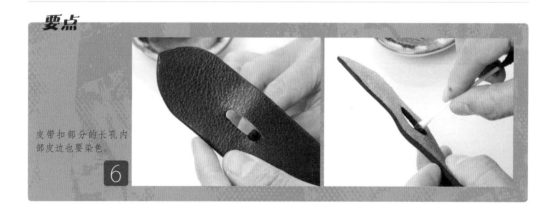

皮带扣部分的长孔内部皮边也要染色。

6

7 皮带环皮料两端的床面层在如图位置削薄到1mm厚度。

8 皮带环皮料的两个长边也用削边器进行削边。

9 长边的床面也要削边。

10 皮带环的皮边也用砂纸打磨成型，之后染色。

11 用涂上CMC的帆布小心打磨皮带的皮边，以免皮面上沾上CMC（译者注：CMC可能会让皮面脱色，不过概率不大）。

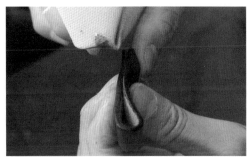

12 皮带环的皮边也用涂上CMC的帆布打磨。

13 皮带皮料的床面也用涂上CMC的帆布打磨。

14 皮带皮料的床面用帆布打磨后再用玻璃板打磨。

15 用涂上CMC的帆布打磨皮带环的床面。

16 和皮带皮料一样，皮带环皮料的床面也要用玻璃板再次打磨。

17 待CMC干燥后，在皮边上涂蜡。

18 涂蜡后，再用木质磨边器打磨皮边。

19 最后用软布块打磨皮边。

20 皮带环的皮边也要涂蜡，用木质磨边器和软布块细致处理。

21 打磨后，皮边会有如图一样的光泽。

做出爪钉的安装记号

根据纸样做出爪钉的安装记号，也要做出缝线孔和皮带孔的位置记号。

1 用间距规做出最主要的6mm爪钉安装记号。

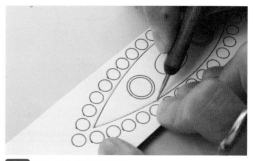

2 用铁笔描出缝线记号线。

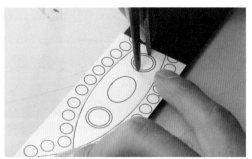

3 做出主要图案上12.5mm环状爪钉的安装记号。

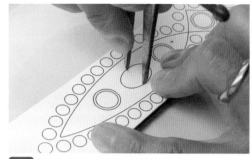

4 做出主要图案上18mm椭圆形爪钉的安装记号。

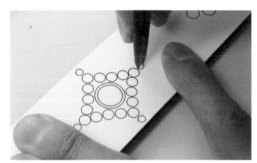

5 中央的图案由3mm和4mm的圆形爪钉以及12.5mm的环状爪钉构成。

要点

6 要随时翻开纸样，以确认安装记号没有遗漏。

7 两个主要图案都用同样的办法做出记号。

8 皮带尖端的图案由3mm和4mm的圆形爪钉以及12.5mm的环状爪钉、9.5mm的椭圆形爪钉构成。

9 用铁笔描出皮带孔的位置。

要点

10 用银笔描一下，就不会找不到皮带孔的位置了。

11 做好主要图案的安装记号后的状态。有些皮料上面的记号容易消失，要注意。

按照安装记号开安装孔

按次序开爪钉安装孔与缝线孔，用符合钉脚尺寸的錾刀来开安装孔。

1 开爪钉安装孔时，要使用符合钉脚宽度的錾刀。

2 用2mm錾刀开6mm圆形爪钉的安装孔。

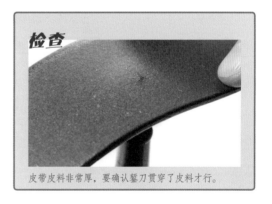

检查

皮带皮料非常厚，要确认錾刀贯穿了皮料才行。

按照记号开出所有6mm圆形爪钉的安装孔。

3

4 12.5mm的环状与圆形爪钉，以及18mm的椭圆形爪钉都是用3mm的錾刀来开安装孔。

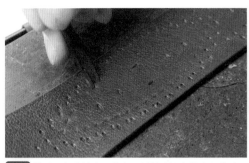

5 按照画好的缝线记号线，用圆冲压出缝线记号后，打出装饰缝线的缝孔。

6 主要图案开好爪钉安装孔与缝线孔后的状态，要确认没有漏打所有孔洞。

7 用符合钉脚宽度的錾刀开出中央图案上的爪钉安装孔。

8 开另一个主要图案上的爪钉安装孔与装饰缝线孔。

9 皮带尖端的图案也一样，用符合钉脚宽度的錾刀开出爪钉安装孔。

10 皮带尖端图案开好爪钉安装孔后的状态。

缝装饰缝线

缝主要图案上的装饰缝线。给人的印象会依缝线的粗细而变换，建议按个人爱好选择颜色。

1 从哪个缝孔开始缝都可以，不过要记住起点的缝孔，是最后缝合完毕后必须回针缝的部分。

2 缝上装饰线，注意缝线松紧度和缝线的交叉方向要一致，这样才能缝出整齐好看的缝线。

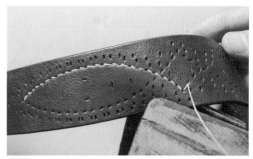

3 缝线要串联在一起，要像用笔画线一样缝出流畅且漂亮的缝线。

4 缝好一整圈装饰缝线后的状态。缝回起点的针孔后，将缝线从里侧穿出。

将穿出里侧的线头剪断，在线头上涂上白胶固定。

5

安装爪钉

- 在四个图案上插入爪钉。安装的爪钉数量很多，要集中精神制作。

■ 将爪钉插入主要图案的安装孔

要点

1 用40号圆冲切出垫片。

2 准备好环状爪钉、宝石和切好的垫片。

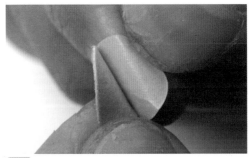

3 撕掉垫片的背纸。

4 将垫片贴在宝石后面。

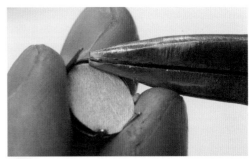

5 将粘好垫片的宝石装入环状爪钉的边框，折弯镶爪加以固定。

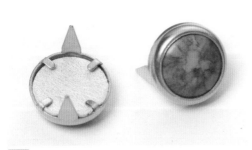

6 将环状爪钉加工成如图的状态，其他的环状爪钉也用同样的办法加工。

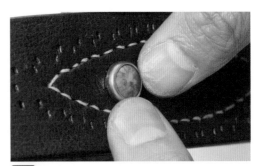

7 将环状爪钉插在皮带上。

8 安装图案正中央的12.5mm圆形爪钉。

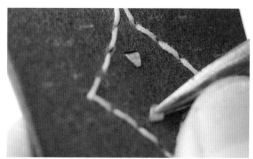

9 折弯圆形爪钉的钉脚。

将环状爪钉的钉脚也进行折弯，用铁锤敲打，使钉脚嵌入床面。

10

11 12.5mm环状爪钉与圆形爪钉安装好后的状态。

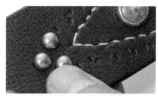

按次序安装6mm圆形爪钉。

12

13 按次序插入6mm圆形爪钉后，图案的轮廓就越来越明显了。

14 插入6mm圆形爪钉至图案的二分之一，先将这一半的爪钉钉脚折弯，并固定好。

15 确认所有的钉脚都穿出了床面，用适当的方法按次序折弯钉脚。

16 安装6mm圆形爪钉，折弯所有钉脚的状态。

17 用铁锤的圆头敲打，让钉脚嵌入床面。再用平头敲打，尽量处理成平面状态。

18 安装好一半6mm圆形爪钉的状态。就此，图案的轮廓已经完成了一半。

19 按次序插入另一半的6mm圆形爪钉。

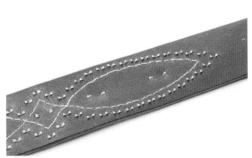

20 插入另一半6mm圆形爪钉后，折弯钉脚，固定爪钉。

21 以同样的方法用铁锤敲打，使钉脚嵌入床面。

22 将18mm椭圆形爪钉插入两个环状爪钉之间。

23 用基本的2段式折弯法处理钉脚，固定住椭圆形爪钉。

24 用铁锤的圆头敲打，使18mm椭圆形爪钉的钉脚嵌入床面。

25 最后用铁锤的平头敲打，使钉脚全部嵌入床面。

26 安装好两个18mm椭圆形爪钉后，即完成主要图案。

■ 将爪钉插入中央图案

 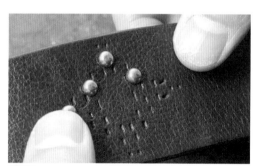

27 准备将爪钉插入中央图案（位于两个主要图案中间）。

28 隔一个安一个，按次序插入主要的4mm圆形爪钉。

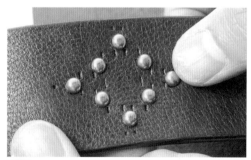 

29 插入4mm爪钉至如图状态，先折弯这一部分爪钉的钉脚，以固定爪钉。

30 折弯钉脚。这一部分爪钉的安装位置挨得很近，如果所有的爪钉一起插入，那么势必会增加折弯钉脚的难度。

折弯钉脚后用铁锤敲打，使钉脚嵌入床面。

31

32 4mm圆形爪钉安装至一半的状态。

33 将剩下的4mm圆形爪钉按次序插入刚才安装的爪钉之间。

34 4mm圆形爪钉都插入后，按次序折弯钉脚。

要点

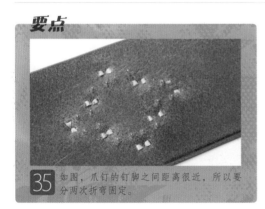

35 如图，爪钉的钉脚之间距离很近，所以要分两次折弯固定。

折弯钉脚，用铁锤敲打，使钉脚嵌入床面。

36

37 完成4mm爪钉的安装。

38 插入图案转角处的3mm圆形爪钉。

39 将4个转角位置的3mm圆形爪钉插好。

40 因为皮带皮料较厚，所以3mm爪钉穿过皮料后钉脚较短，折弯钉脚的难度也会增大。

41 出现不好折弯钉脚的情况时，要一边从皮料正面按压爪钉，一边用夹钳拉出钉脚，之后再一次性折弯。

42 从事细致的工作需要熟练的技巧，如果感觉做得不顺手，可以先用废皮料练习后再继续制作。

折弯3mm圆形爪钉的钉脚，用铁锤敲打，使其嵌入床面。

43

44 将图案中心的12.5mm环状爪钉插入安装孔。

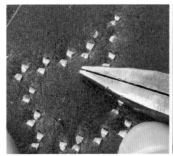

45 折弯钉脚后，用铁锤敲打，使其嵌入床面，即可完成中心图案。

■ 将爪钉插入皮带尖端图案的安装孔

46 将爪钉按次序插入皮带尖端图案的安装孔。

47 和中央图案一样，因为间隔太近，4mm圆形爪钉要隔一个安一个。

48 折弯钉脚，固定好先插入的4mm圆形爪钉。

49 用铁锤敲打钉脚，使其嵌入床面，直至触摸时不会刮手为止。

50 插入9.5mm的椭圆形爪钉。

51 折弯钉脚，用铁锤敲打钉脚，使其嵌入床面。

52 安装好9.5mm椭圆形爪钉后的状态。

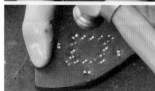

53 插入剩下的4mm圆形爪钉，折弯钉脚，用铁锤敲打钉脚，使其嵌入床面。

54 安装好所有的4mm圆形爪钉后的状态。

55 插入3mm圆形爪钉。

56 折弯3mm圆形爪钉的钉脚,用铁锤敲打钉脚,使其嵌入床面。

57 安装好3mm圆形爪钉的状态。

58 最后插入中心的12.5mm环状爪钉。

用夹钳折弯钉脚,用铁锤敲打钉脚,使其嵌入床面。

59

皮带尖端图案也完成后,爪钉安装工作就到此为止了。

60

皮带的最后修整

完成图案后，安装皮带扣，组装皮带
环，开好皮带孔，就可完成作品。

1 将纸样放在皮料上，标出牛仔扣的安装位置。

⊠ 本体的预处理2

2 根据步骤①的记号用螺旋冲开出3mm的安装孔。

3 往需要折弯的长形孔部位喷水。不用喷水壶，直接用手指涂上水也可以。

4 从长形孔中央位置折弯皮带。

要点

5 在皮带头折曲的状态下，透过步骤②打出的安装孔做记号。

6 将牛仔扣的面扣从皮面侧插入步骤②打出的安装孔。

要点

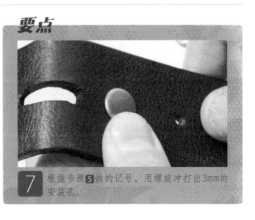

7 根据步骤⑤做的记号，用螺旋冲打出3mm的安装孔。

8 面扣扣脚穿出床面后，将母扣部分套在面扣的扣脚上。

9 将面扣放在万用打台的相应凹槽上，敲打安装工具，铆合固定母扣和面扣。

10 另一个安装孔也进行同样的安装工作。

要点

11 皮料前端的安装孔为安装牛仔扣的底扣，从皮面侧将扣脚插入安装孔。

12 确认扣脚穿出床面的长度大约在3mm。

13 将公扣套在扣脚顶部。

14 将底扣放在万用打台的平面侧，敲打安装工具，铆合固定扣脚和公扣。

15 另一个安装孔进行同样的安装工作，安上另一个公扣。

16 安装母扣与公扣后，折曲皮料端部，反复扣上牛仔扣几次，确认扣件安装是否牢固（译著注：201牛仔扣并不是最佳的固定扣选择，容易脱落，如果可能的话，请换用831四合扣）。

17 将皮带环皮料放在安装位置，以确认长度和宽度。

◨ 制作皮带环

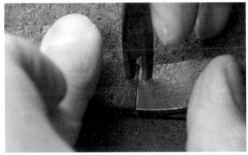 

18 将皮带环的短边拼在一起，用2齿菱斩跨过两侧皮料衔接处，做出缝合孔的记号。

19 根据步骤18的记号打出缝孔。

20 缝线一端打结，从皮带环皮料的里侧穿进缝孔。

21 对齐皮带环皮料的短边，将缝线（用如图方式）缝向另一个缝孔。

22 缝线穿过里侧后，再斜向穿过上方缝孔回到正面。

23 步骤22的缝线穿出正面皮面后，从对侧的缝孔再缝进里侧。

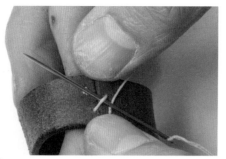

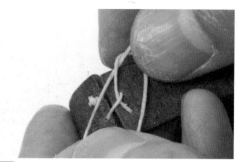

24 将皮带环皮料翻过来，露出床面。准备将缝线打结。先将缝线穿进刚才斜向的缝线下面。

25 穿过缝线后，将其在斜向缝线上面绕一圈，再打一个结。

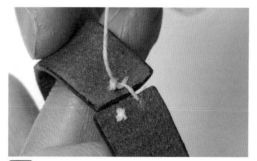

26 打两次结后，缝线就固定住了。

27 打结固定后剪掉多余的线，用铁锤敲打使其更服帖。

■ 安装皮带扣

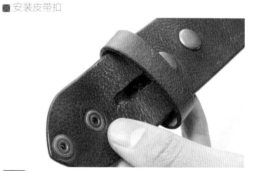

28 将皮带环翻回正面，做好皮带环。

29 将皮带环套在将要安装皮带扣的一侧，置于两个牛仔扣之间。

要点

30 安装皮带扣，注意皮带扣的安装方向，将扣针穿过长孔。

31 扣针穿过长孔后，如图折叠皮带顶部，扣上牛仔扣。

32 皮带扣安装好的状态。皮带环的位置在两个牛仔扣之间。

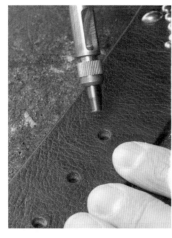

最后，用4mm螺旋冲打出皮带孔。
33

完成！

作品完成。重点在于扣住正中的皮带扣时，图案要平均位于左右两侧。

纸 样

＊本书中附带的纸样包括将原尺寸缩小50%的纸样。在使用缩小的纸样时，请复印放大200%。

＊复印后请用固体胶将纸样粘在卡纸上，正确裁切后再行使用。

＊使用的纸样可能因皮料种类或百度等原因需要进行调整。

＊本书内介绍的作品和纸样禁止复制或出售，仅限个人制作作品使用。

钥匙圈① 本体(100%) P.44

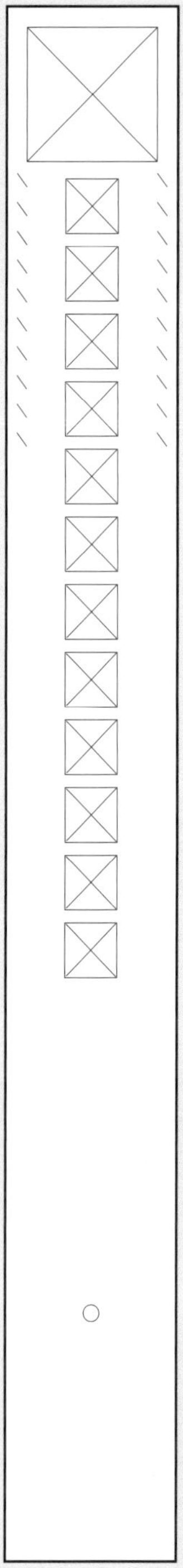

手环 本体(100%) P.36

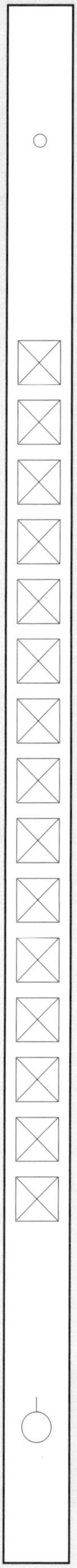

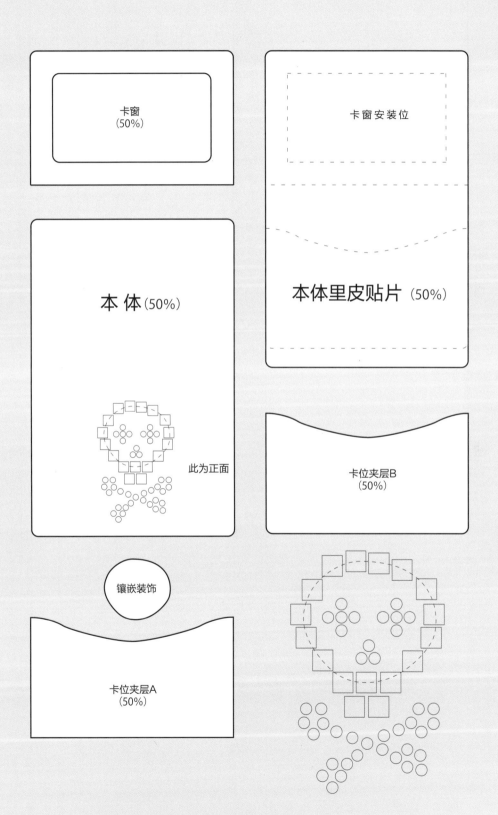

卡窗
（50%）

卡窗安装位

本 体（50%）

本体里皮贴片（50%）

此为正面

卡位夹层B
（50%）

镶嵌装饰

卡位夹层A
（50%）

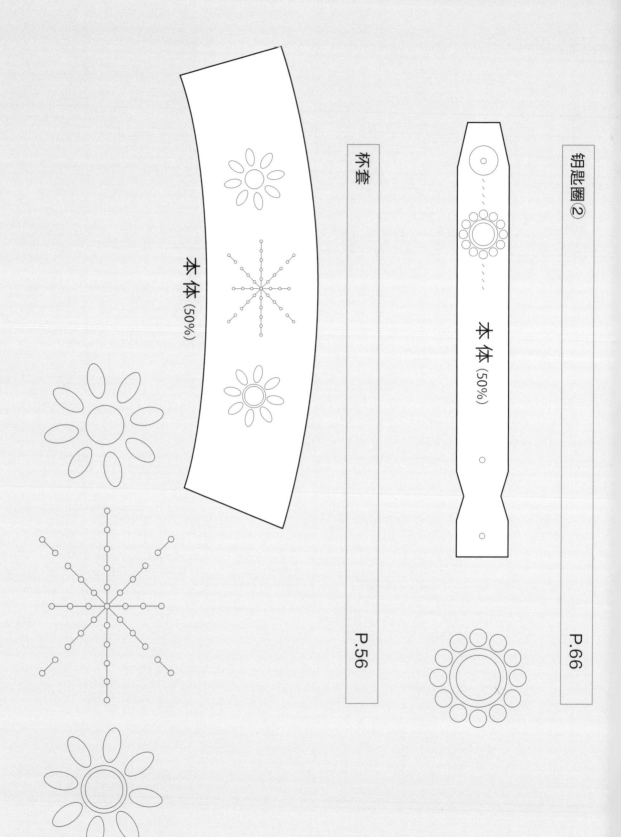

杯套　　　　　　　　P.56

本体 (50%)

钥匙圈② 　　　　　　P.66

本体 (50%)

提把安装位

口袋安装位 口袋安装位

本体正面（50%）

※本体背面不安装爪钉

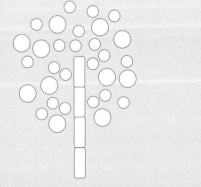

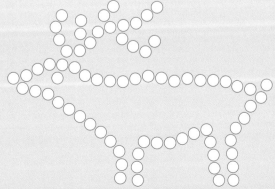

提把 ×2（50%）

口袋（50%）

折叠线

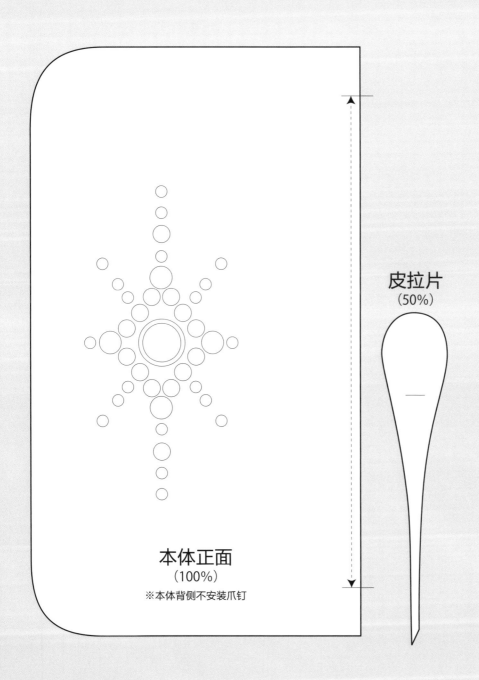

皮拉片
（50%）

本体正面
（100%）
※本体背侧不安装爪钉

本 体
（50%）

整体图

扣针孔至皮带孔86cm